CorelDRAW
计算机辅助设计

第三版

■ 主　编　熊　莎　杨　璐
■ 副主编　陈文姬　黄　成　唐　帆
■ 参　编　史晓甜　郑蓉蓉　尹　艳　宋春芳
　　　　　王　蕾　张蕊蕊　张学凯　龚　爽

ART 国家示范性高等职业院校
艺术设计专业精品教材

高职高专艺术学门类
"十四五"规划教材

职业教育改革成果教材

A R T　D E S I G N

华中科技大学出版社
http://www.hustp.com
中国·武汉

内 容 简 介

本书分为十二个项目，具体包括初识 CorelDRAW，CorelDRAW 的基本操作，几何图形的绘制，对象的基本编辑，直线和曲线的绘制，图形颜色的填充和轮廓线的设置，文本的处理，图形的高级编辑，图形特效（交互式工具），位图编辑，应用滤镜，打印和输出作品。

本书层次清晰，内容翔实，以实训为重点，重视理论与实践的结合，从实际案例入手进行分析讲解，帮助学生有的放矢地学习，从而有效培养学生的实践能力。

图书在版编目（CIP）数据

CorelDRAW 计算机辅助设计 / 熊莎 , 杨璐主编 . — 3 版 . — 武汉：华中科技大学出版社，2019.8（2024.1 重印）
高职高专艺术学门类"十四五"规划教材
ISBN 978-7-5680-5605-2

Ⅰ . ① C⋯ Ⅱ . ①熊⋯ ②杨⋯ Ⅲ . ①图形软件 - 高等职业教育 - 教材 Ⅳ . ① TP391.412

中国版本图书馆 CIP 数据核字 (2019) 第 182436 号

CorelDRAW 计算机辅助设计（第三版）
CorelDRAW Jisuanji Fuzhu Sheji（Di-san Ban）

熊莎　杨璐　主编

策划编辑：彭中军
责任编辑：彭中军
封面设计：优　优
责任监印：朱　玢
出版发行：华中科技大学出版社（中国·武汉）　　　电话：（027）81321913
　　　　　武汉市东湖新技术开发区华工科技园　　　邮编：430223
录　　排：华中科技大学惠友文印中心
印　　刷：武汉科源印刷设计有限公司
开　　本：880 mm×1230 mm　1/16
印　　张：11
字　　数：331 千字
版　　次：2024 年 1 月第 3 版第 2 次印刷
定　　价：69.00 元

本书相关教学资源可扫描下面二维码获取。

《CorelDRAW 计算机辅助设计（第三版）》教学资源（素材和 PPT）（提取码为 y6we）

目录
Contents

CorelDRAW Jisuanji Fuzhu Sheji

项目一

初识 CorelDRAW

任务一　CorelDRAW 简介

> **任务概述**

本任务主要介绍 CorelDRAW 的基础知识及其主要的应用范围。

> **学习目标**

了解 CorelDRAW 的基础知识，并了解 CorelDRAW 的主要应用范围。

CorelDRAW 是一款由世界顶尖软件公司之———加拿大的 Corel 公司开发的图形图像软件。这个图形图像软件给设计师提供了矢量动画、页面设计、网站制作、位图编辑和网页动画等多种功能。该软件以其非凡的设计能力广泛地应用于平面广告设计、文字排版、CI 设计、包装设计、书籍装帧设计、字体设计、漫画设计等诸多领域。

1. 平面广告设计

CorelDRAW 拥有强大的图文处理功能，在平面广告设计中发挥着巨大的作用，可以运用它制作精美的平面广告。

2. 文字排版

CorelDRAW 对文字的支持功能非常强大，并且可以对文字进行无限制的缩放，所以许多广告公司、杂志社都用它来完成版式设计和文字处理工作。

3. CI 设计

CI 即 CIS，是企业形象识别系统，其中最重要的就是企业视觉识别系统（VI）。通常在制作 VI 时都会制作标志，而用 CorelDRAW 制作标志非常方便。

4. 包装设计

在制作包装时，常常要绘制一些平面图、两面视图、三面视图及最终的效果图。这时运用 CorelDRAW 可以实现。

5. 书籍装帧设计

CorelDRAW 常用于书籍装帧设计，并针对书籍装帧的特点，独到地集成了 ISBN 生成组件，可以轻松制作条形码。集合其快捷的导线及精确的定位功能，可轻松进行书籍装帧设计。

6．字体设计

利用 CorelDRAW 软件的强大曲线图形处理功能，可进行字体设计，制作一些非同凡响的特效字体。它常被运用于企业 VI 设计，以及标准字体、灯箱字体特效及户外文案的设计上。

7．漫画设计

CorelDRAW 作为当前热门的图形软件，可以结合 Flash 等矢量动画软件进行网页动画及漫画创作。

任务二　CorelDRAW 术语与概念的描述

> **任务概述**

本任务主要介绍矢量图与位图的概念、颜色模式及一些基本术语。

> **学习目标**

掌握矢量图与位图的概念，了解不同的颜色模式及基本术语。

一、矢量图与位图

1．矢量图

矢量图又称向量图，是由数学的描述生成的图像。它决定线的位置、长度和方向，是图像缩放后不会失真的图像格式。

矢量图的优点：轮廓的形状容易修改和控制，并且将其放大时，图像的品质不会发生变化，绘制的矢量图可以直接输出为位图。

矢量图的缺点：颜色上变化的实现不如位图方便、直接。矢量图支持矢量格式的应用程序远没有支持位图的多。常用于矢量图绘制的软件有 Adobe Illustrator、CorelDRAW、FreeHand 等。

2．位图

位图也称为点阵图或像素图，构成位图的最小单位是像素。位图就是由像素阵列的排列来实现其显示效果的，每个像素都具有自己的颜色信息，在对位图进行编辑的时候，可操作的对象是每个像素，并可以通过改变图像的色相、饱和度、明度来改变图像的显示效果。

位图的优点：颜色变化丰富，在编辑上，可改变任何形状区域的颜色显示效果，支持位图格式的软件较矢量图多，其中常用的软件有 Adobe Photoshop、Corel Painter 等。

位图的缺点：把位图放大时，会失真。

二、颜色模式

1. RGB 颜色模式

RGB 颜色模式是将自然界的光线分解为红、绿、蓝三种基本颜色组成的一种颜色模式。该颜色模式的取值范围为 0 ~ 255，数值的含义表示光含量的多少，当取值都为 255 时颜色为白色，都为 0 时颜色为黑色。

2. CMYK 颜色模式

CMYK 颜色模式是一种基于印刷处理的颜色模式。C、M、Y、K 分别代表青色、品红色、黄色、黑色。该颜色模式的数值取值范围为 0 ~ 100，代表油墨含量的多少，也反映了油墨混合的比例，当取值都为 100 时颜色为黑色，都为 0 时颜色为白色。

3. HSB 颜色模式

HSB 颜色模式依据"色彩三属性"来描述颜色。H 表示颜色的色相，即从物体反射或透过物体传播的颜色，其取值为 0 ~ 360。在 0 ~ 360° 的标准色轮上，色相是按位置度量的；S 表示饱和度，即颜色的纯度，色相中"灰"成分所占的比例用从 0%（灰色）~ 100%（完全饱和）来度量；B 表示亮度，即颜色的明暗程度，用从 0%（黑）~ 100%（白）来度量。

4. Lab 颜色模式

Lab 颜色模式是一种很重要的模式，包含 3 个通道，是 24 位颜色深度的图像模式。L 通道是亮度通道，a 和 b 两个通道为颜色通道。它的色域范围最广，就色域范围而言，它和 RGB 与 CMYK 的模式关系为 Lab > RGB > CMYK。

三、基本术语

1. 对象

在绘图过程中创建或放置的任何项目都可以称为对象。它包括线条、形状、图形和文本等。

2. 段落文本

段落文本是一种文本类型，它允许用户应用格式编排选项，并直接编辑较大的文本块。

3. 美术字

美术字实际上是指单个的文字对象。由于它是作为一个单独的图形对象来使用的，因此可以使用各种处理图形的方法对它进行编辑处理。用美术字可以有效添加较短的文本行，或者用它来应用图形效果，如创建立体模型、调和并创建其他特殊效果等。

4. 绘图页面和绘图窗口

在 CorelDRAW 中创建一个文档。文档有绘图页面和绘图窗口。绘图页面是指绘图窗口中被具有阴影的矩形包围的部分。绘图窗口是指在应用程序中可以创建、编辑、添加对象的部分。

5. 泊坞窗

泊坞窗不同于大多数对话框。操作文档时，它可以一直处于打开状态，方便用户使用各种命令。在

CorelDRAW 中，既可以使泊坞窗停放，也可以使之浮动。因此用户可以方便地移动泊坞窗，也可以折叠泊坞窗来节省操作空间。

任务三　CorelDRAW 的启动与退出

> **任务概述**

本任务主要介绍 CorelDRAW 的启动与退出，以及 CorelDRAW 的欢迎界面。

> **学习目标**

掌握 CorelDRAW 的启动与退出，认识 CorelDRAW 的欢迎界面。

一、启动 CorelDRAW

1．启动 CorelDRAW

启动 CorelDRAW，选择"开始→程序→ CorelDRAW"命令即可，如图 1–1 所示。启动后，桌面会显示程序启动界面。

2．欢迎界面

启动完成后，屏幕上会出现一个 CorelDRAW 的欢迎界面，如图 1–2 所示。

"欢迎屏幕"非常适合初学者使用，在"欢迎屏幕"中，有"立即开始"、"工作区"、"新增功能"、"需要帮助？"、"图库"、"更新"、"CorelDRAW.com"、"成员和订阅"几个选项。

如果希望下次启动时不显示这一欢迎屏，只需取消该屏幕左下角的"启动时始终显示欢迎屏幕."复选框即可，如图 1–3 所示。

图 1–1　启动 CorelDRAW

二、退出 CorelDRAW

和大多数的计算机应用软件一样，只要单击工作界面右上角的关闭按钮，就可关闭打开的文档并退出绘图窗口，如图 1–4 所示。

选择菜单栏的"文件→退出"命令，可关闭 CorelDRAW 当前打开的绘图文档并退出该程序，如图 1-5 所示。

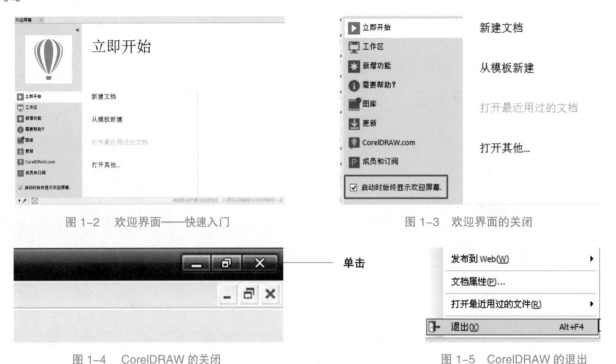

图 1-2　欢迎界面——快速入门

图 1-3　欢迎界面的关闭

图 1-4　CorelDRAW 的关闭

图 1-5　CorelDRAW 的退出

任务四　CorelDRAW 的操作界面

> **任务概述**

本任务主要介绍 CorelDRAW 的工作界面。

> **学习目标**

认识 CorelDRAW 的操作界面。

进入 CorelDRAW 之后，呈现在屏幕上的是一个基本的工作窗口，如图 1-6 所示。CorelDRAW 与其他大多数 Windows 软件一样，都包含菜单栏、工具栏、工具箱、标尺、网格线、属性栏等一些通用元素，当然其中也有有别于其他软件的工作区及绘图区等。

提示：要打开或关闭这些菜单栏、属性栏或标准栏等，可以在菜单栏、属性栏或标准栏上右击，此时系统将弹出如图 1-7 所示的弹出式菜单，从该菜单中选择适当的选项，即可打开或关闭相应的工具栏。

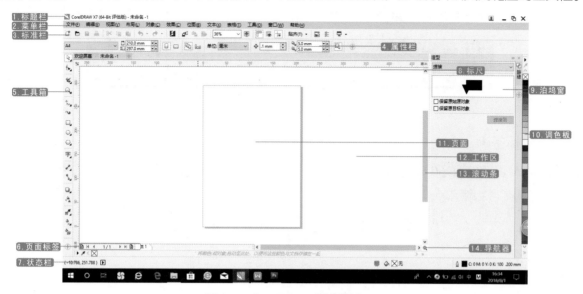

图 1-6　CorelDRAW 的界面窗口

1．标题栏

标题栏位于 CorelDRAW 应用程序和文件窗口的顶部，显示了当前文件名，以及用于缩小放大窗口、退出 CorelDRAW 程序的几个快捷键按钮。

2．菜单栏

CorelDRAW 的菜单栏由文件、编辑、视图、布局、对象、效果、位图、文本、表格、工具、窗口和帮助共 12 个选项组成，在每一个菜单之下又有若干子菜单项。

3．标准栏

标准栏由一组图标按钮组成。它们是一些将常用菜单命令按钮化来表示命令的图标，单击这些按钮可执行相应的命令，如图 1-8 所示。

图 1-7　工具栏的弹出式菜单

4．属性栏

属性栏是一种交互式的功能面板，当使用不同的绘图工具时，属性栏会自动切换为此工具的控制选项。当未选取任何对象的时候，属性栏会显示与页面和工作环境设置有关的一些选项。在图形对象的绘制编辑时，养成使用属性栏调整对象属性的习惯将能极大地提高绘图速度，如图 1-9 所示。

图 1-8　标准栏

图 1-9　属性栏

5．工具箱

工具箱位于工作窗口的左边，包含了一系列常用的绘图、编辑工具，可用来绘制或修改对象的外形，修改外框及内部颜色。其中，有些工具图标的右下角有一个黑色三角形，单击该三角形能打开该工具的同位工作组，看到更多功能各不相同的工具图标，如图 1–10 所示。

工具箱
字

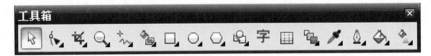

图 1–10　工具箱

6. 页面标签

CorelDRAW 具有处理多页文件的功能，可在一个文件内建多个页面。翻页时可以借助页面标签来切换工作页面，如图 1–11 所示。

1 / 1
页 1

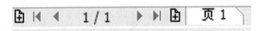

图 1–11　页面标签

7. 状态栏

状态栏位于应用程序窗口底部的一个区域，包含对象属性（如类型、大小、颜色、填充和分辨率）的相关信息，如图 1–12 所示。

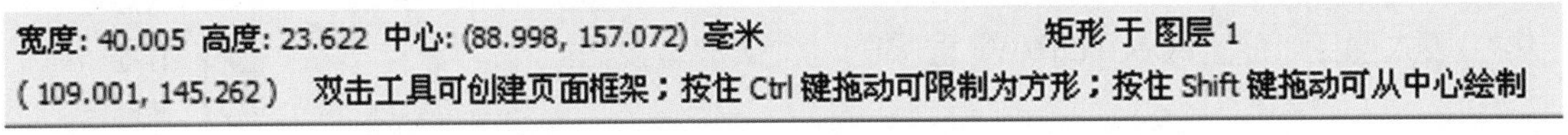

宽度: 40.005 高度: 23.622 中心: (88.998, 157.072) 毫米
矩形 于 图层 1
(109.001, 145.262)
双击工具可创建页面框架；按住 Ctrl 键拖动可限制为方形；按住 Shift 键拖动可从中心绘制

图 1–12　状态栏

8. 标尺

标尺用于确定对象大小和位置的水平和垂直边框。标尺可以帮助用户精确地绘制、调整大小和对齐图形对象。

默认:默认 CMYK 调色板
设置轮廓色(C)
设置填充颜色(F)
调色板(P)
排列图标(T)
设为默认值(D)
显示颜色名(N)
滚动到起始处(S)
滚动到结束处(E)
自定义...

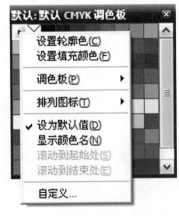

图 1–13　调色板

9. 泊坞窗

泊坞窗包含与待定工具或任务相关的可用命令和相关设置的窗口。泊坞窗可显示与对话框类型相同的控件，其可在操作文档时一直打开，便于使用各种命令来实现不同的效果。

10. 调色板

调色板位于 CorelDRAW 窗口的右方，由许多色块组成，可通过选取调色板上的颜色，来决定对象内部颜色或框线颜色，并且用户可以通过使用各种各样的行业标准调色板、颜色混合器和颜色模式选择和创建颜色，如图 1–13 所示。

11. 页面

页面是进行绘图操作的区域，专指窗口内可被打印出来的部分。在未选取任何对象时，属性栏中显示了目前文件的页面尺寸和页面方向等选项，在此可以对纸张类型、大小，以及绘图页面的基本设定进行修改。

提示：印刷后的作品在经过剪切成为成品的过程中，四条边上都会被裁去约 3 mm，这个宽度称为“出

血"。其默认值为 0，可通过"文件→打印→版面→页面设置"重新设置该数值。由于打印时并非页面上的所有区域都能打印，因此，可以通过"打印预览→查看→可打印区域"查看当前的可打印区域。

12. 工作区

工作区是位于绘图页面之外的区域，以滚动条和应用程序控件为边界。

注意：页面是可打印的区域，而放在工作区上的对象将不被打印。

13. 滚动条

在使用软件时，出现跨页的情况，工作区右边有一个用于翻页的条状区域，即滚动条。滚动条由滚动滑块和滚动箭头组成，实现页与页的切换。

14. 导航器

导航器一般都是结合图片的放大缩小来使用的。导航器位于工作区右下方，是一个按钮，可以打开一个较小的显示窗口，帮助在绘图时进行移动操作。

CorelDRAW Jisuanji Fuzhu Sheji

项目二

CorelDRAW 的基本操作

任务一　保存与备份文件

> **任务概述**

本任务主要介绍 CorelDRAW 中文版的保存及文件的备份。

> **学习目标**

掌握将文件存储在特定文件夹中的方法；学会将文件存储为其他格式；掌握将文件自动保存为绘图备份副本的方法。

一、将文件存储在特定文件夹中

用户可以将制作的图形保存在特定文件夹中，具体的操作步骤如下。

（1）将图形绘制完毕后，执行"文件→保存"命令，打开"保存绘图"的对话框，在"保存在"的下拉列表中定位保存文件的位置，如图 2-1 所示。

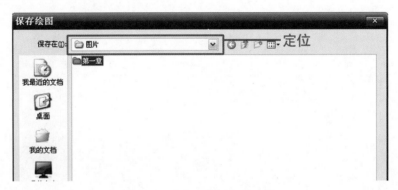

图 2-1　定位文件保存的位置

（2）在"保存绘图"对话框的"文件名"文本框中输入文件的名称，在"保存类型"下拉列表中设置保存文件的类型和版本，设置完成后单击"保存"按钮即可，如图 2-2 所示。

注意：在 CorelDRAW 中设置版本类型时需注意，CorelDRAW 高版本的软件能打开低版本的文件，但低版本 CorelDRAW 不能打开高版本的文件。

二、存储为其他文件格式

默认情况下，绘图将保存为 CDR 文件格式，但是用户可以将绘图保存为其他的文件格式，具体的操作步骤如下。

（1）将图形绘制完毕后，执行"文件→另存为"命令，打开"保存绘图"的对话框，在该对话框中可定位保存文件的位置，如图 2-3 所示。

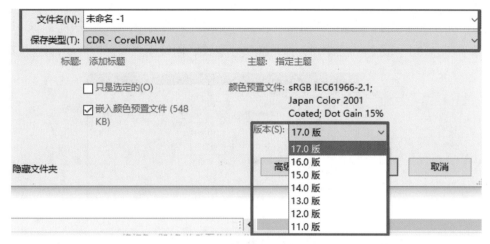

图 2-2 存储文件至特定文件夹

图 2-3 另存为面板中定位文件保存位置

（2）在"文件名"文本框中输入文件名称后，单击"保存类型"右侧的按钮，在弹出的下拉列表中选择所需保存文件的格式，如图 2-4 所示。

（3）设置完成后单击"保存"按钮，将弹出"导出"对话框，单击"确定"按钮即可将文件存储为其他文件的格式。在保存的文件夹中可查看到存储为其他格式的文件，如图 2-5 所示。

图 2-4 另存为面板中指定文件的保存格式

图 2-5 查看文件的格式

三、文件的备份

CorelDRAW软件可自动保存绘图的备份副本，当发生系统错误重新启动程序时，将提示恢复备份的副本，自动备份功能保存已打开并修改过的绘图，具体操作步骤如下。

（1）运行 CorelDRAW 软件，新建文件，执行"工具→选项"菜单命令，或者按快捷键"Ctrl+J"，打开"选项"对话框，单击左边"工作区"的三角形，打开该类别选项，再单击"保存"选项，如图 2-6 所示。

图 2-6　选中"保存"选项

（2）在"选项"对话框的右边，勾选"自动备份间隔"复选框，再在其后的"分钟"下拉列表中选择备份间隔的时间，然后单击"始终备份到"后的"用户临时文件夹"单选选项，如图 2-7 所示。

图 2-7　设置自动备份间隔时间和位置

提示：若单击"用户临时文件夹"单选按钮，则可将自动备份文件保存到临时文件夹中。若单击"特定文件夹"单选按钮，再单击其后的"浏览"按钮，在弹出的"浏览文件夹"对话框中选择保存的位置，设置保存自动备份文件的文件夹。若要禁用自动备份功能，则在"分钟"下拉列表中选择"永不"选项。在保存文件时按 Esc 键即可取消自动备份文件的创建。

任务二　文件的导入与导出

> 任务概述

本任务主要介绍如何将位图图像文件导入 CorelDRAW 中使用，并对其进行适当的编辑操作，以及把编辑好的图像导出，保存为需要的格式。

掌握在 CorelDRAW 中将位图文件导入及将图形文件导出为所需文件的方法。

一、导入文件

CorelDRAW 中的导入功能，可以把非 CorelDRAW 格式的图片导入图画文件中，例如，导入 JPG、BMP 等格式的图片。

（1）选择"文件→导入"命令，打开"导入"对话框。选择所需要的位图，在对话框右下侧勾选"预览"复选框，即可预览到选择的文件图像，如图 2-8 所示。

（2）选择要导入的图片文件后，单击"导入"按钮，在绘图页面中，鼠标光标变成一个直角形状，如图 2-9 所示。

图 2-8　"导入"对话框

图 2-9　图片的导入

（3）在绘图页面中，选择图片的位置，单击，即可导入图片。此外，可以在绘图页面上按住鼠标左键拖曳，把图片拖放到合适的大小，如图 2-10 所示。

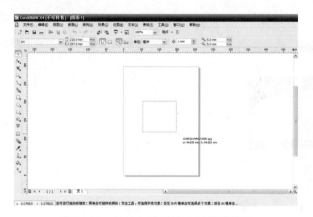

图 2-10　对导入的图片进行拖动放置

二、裁剪图像

在导入文件的过程中，对选中的图片文件还可以进行裁剪或重新取样。例如，上一步操作导入的图片，

可以通过裁剪，仅导入图片中的某一部分。

（1）在"导入"对话框中，选择要导入的图片文件，在"文件类型"列表框右侧的下拉列表中勾选"裁剪"命令，如图 2-11 所示。

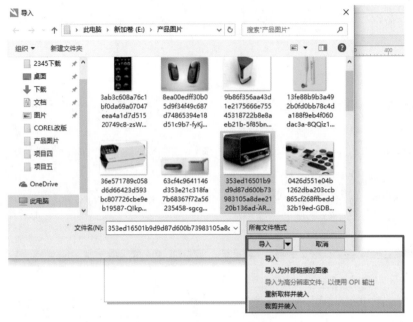

图 2-11　在导入框中选择裁剪选项

（2）单击"导入"按钮，弹出"裁剪图像"对话框。在此对话框中针对需要裁剪的区域，进行参数设置，或者使用鼠标拖动图片选区的控制节点进行选择，如图 2-12 所示。

（3）裁剪图像操作完成后，单击"确定"按钮，即可导入选择区域内的图像。

三、导出文件

通过导出命令，用户可以将图像导出和保存为多种不同的文件格式，如位图格式等，以供其他程序使用。

（1）选择"文件→导出"命令，弹出"导出"对话框，如图 2-13 所示。选择要导出的文件格式，设置好该格式保存的类型、保存位置等相关参数。

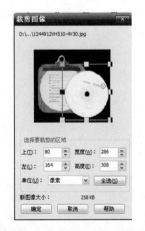 

图 2-12　"裁剪图像"对话框　　　图 2-13　设置导出文件的名称和保存类型

（2）在此将文件格式选择为 JPG 格式，在"保存在"下拉列表中设置好保存位置，单击"导出"按钮，弹出"转换为位图"对话框，如图 2-14 所示，设置好相关参数和参照提示，单击"确定"按钮即可完成文件导出工作。

此外，单击标准栏上的"导入"和"导出"按钮，如图 2-15 所示，也可打开"导入"或"导出"对话框，选择要导入或导出的文件，设置好相关的参数后，也可完成文件的导入及导出的工作。

四、导入 / 导出文件格式详解

1. CDR 格式

CorelDRAW（CDR）文件主要都是矢量图形。矢量将图片定义为图形原语列表（矩形、线条、弧形和椭圆）。矢量是逐点映射到页面上的，因此在缩小或放大矢量图形时，原始图像不会变形。

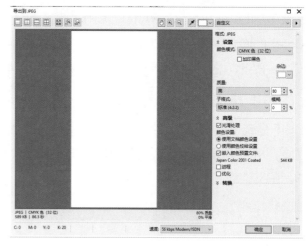

图 2-14 "转换为位图"对话框

图 2-15 标准栏上的"导入"与"导出"按钮

2. AI 格式

Adobe Illustrator 文件格式（AI）是由专为 Macintosh 和 Windows 平台而建立的 Adobe Systems 所开发的。它起初是用于矢量图的，但在高版本中也支持位图信息。

3. JPEG 格式

JPEG 文件格式是由想获得极暗图像效果的"联合图像专家组"（joint photo graphic experts group）开发的一种标准格式。现在已经成为印刷品和万维网发布的压缩文件的主要格式。它是一种最有效，最基本的有损压缩格式，被大多数图形处理软件支持。JPEG 格式的图像还广泛应用于 Web 的制作。如果对图像质量要求不高但又要求存储大量图片的话，则使用 JPEG 格式无疑是一个好办法。

4. PSD 格式

PSD 文件格式是 Photoshop 新建图像的默认文件格式，而且是唯一一种支持所有可用图像模式（位图、灰度、双色调、索引颜色、RGB、CMYK、Lab 和多通道）、参考线、Alpha 通道、专色通道和图层的文件格式。

5. BMP 格式

BMP（Windows Bitmap）是微软开发的 Microsoft Pain 的固有格式。这种格式被大多数软件所支持。BMP 格式采用了一种称为 RLE 的无损压缩方式，对图像质量不会产生影响。

6. EPS 格式

封装的 PostScript(Encapsulated PostScript) 文件格式是处理图像工作中的最重要格式。它在 Mac 和 PC 环境下的图形和版面设计中使用广泛，必须在 PostScript 输出设备上打印。几乎每个绘画程序及大多数页面布局程序都允许保存 EPS 文档。Photoshop 通过文件菜单放置（Place）命令（注：Place 命令仅支持 EPS 插图）可将其他格式文件转换成 EPS 格式文件。

7. CPT 格式

保存为 Corel PHOTO-PAINT（CPT）格式的文件是将形状表示为形成图像的像素的位图。将图形保存为 Corel PHOTO-PAINT 格式时，遮罩、浮动对象和透镜都会与图像一同保存。CorelDRAW 可以以 Corel PHOTO-PAINT 格式导入和导出文件，包括那些包含颜色和灰度信息的文件。

8. GIF 格式

GIF 格式是基于位图的格式，专门运用在网页上。这是一种高度压缩的格式，目的在于尽量缩短文件传输时间，从而支持 256 种颜色的图像。GIF 格式具有在一个文件中保存多个位图的能力。多个图像快速连续地显示的文件称为 GIF 动画文件。

任务三　视图调整

> **任务概述**

　　本任务主要介绍如何根据操作的需要，预览文档，缩放和平移画面，同时在打开多个文档时调整各文档窗口的排列方式。

> **学习目标**

　　掌握在 CorelDRAW 中预览文档的方法，以及掌握好缩放和平移画面的方法；学会同时打开多个文档后，调整各文档窗口的排列方式的方法。

一、预览控制

在 CorelDRAW 中，用户可以全屏方式进行显示预览，也可以对选定区域中的对象进行预览，还可以进行分页预览。

1. 全屏预览

在 CorelDRAW 中选择"视图→全屏预览"命令，即可隐藏页面周边屏幕上的菜单栏、工具栏及所有窗口。放大显示页面中的图形图像，可以使图形细节显示得更加明显，如图 2-16 所示。

提示：在进行全屏预览后，按"F9"键，"Esc"键或单击屏幕，均可恢复到原来的视图状态。

2. 只预览选定的对象

选中页面中的图形对象，在菜单栏中选择"视图→只预览选定的对象"命令，即可对所选的图形对象进行全屏的预览，如图 2-17 所示。

图 2-16　全屏预览　　　　　　　　　　　　　　　　　图 2-17　只预览选定的对象

3. 分页预览

在 CorelDRAW 中，一个文档可以有多个页面，当打开一个含有多个页面的文件时，可选择"视图→页面排序器视图"命令，即可对文件中所有的页面进行预览，并在窗口中将多个页面中的对象以有序的排列显示出来，效果如图 2-18 所示。

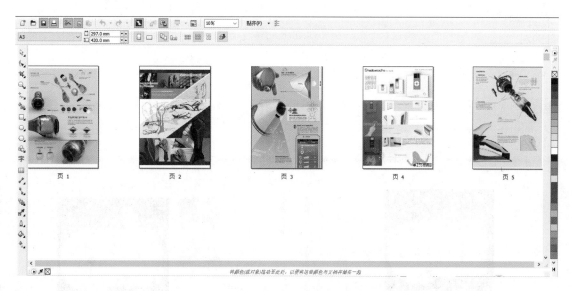

图 2-18　分页预览

提示：在任意一张页面上双击，或是再次选择"视图→页面排序器视图"命令，窗口便会返回到原来的模式。

二、缩放与平移

1. 缩放工具

在使用 CorelDRAW 进行绘图的时候，常常需要将绘图页面放大或缩小，以便查看对象的细节或整体布局。使用工具箱中的缩放工具 🔍，即可控制图形的显示大小，选中缩放工具，将光标移至工作区，如图 2-19 所示，单击，即可以放置的位置为中心放大图形。

图 2-19　缩放工具

如要缩小画面的显示，可以右击或是按下 Shift 键的同时单击，即可缩小画面。

2．缩放工具属性栏

利用缩放工具的属性栏还可以进行更多的显示控制，如图 2-20 所示。

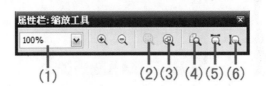

图 2-20　缩放工具的属性栏

1）缩放级别

单击"缩放级别"下拉按钮，弹出一下拉列表，如图 2-21 所示，在弹出的下拉列表中可选择不同数值。

2）缩放到选定对象

用选择工具选中要放大显示的对象，再在工具箱中选中缩放工具，单击属性栏的"缩放到选定对象"按钮，即可最大化显示选中的图形对象，如图 2-22 所示。

3）缩放到全部对象

图 2-21　"缩放级别"下拉列表

在工具箱中选取缩放工具，单击属性栏的"缩放到全部对象"按钮，可快速将文件中的全部对象显示在同一个视图窗口中，如图 2-23 所示。

图 2-22　"缩放到选定对象"选项

图 2-23　"缩放到全部对象"选项

4）缩放到页面大小

在属性栏中单击"缩放到页面大小"按钮，即可在视图中显示完整的当前页面，并使当前页面在视图窗口中处于居中的位置，如图 2-24 所示。

图 2-24　"缩放到页面大小"选项

5）缩放到页面宽度

在属性栏中单击"缩放到页面宽度"按钮，对照标尺可以发现，它可将当前画面按页面的最大宽度显示，如图 2-25 所示。

6）缩放到页面高度

在属性栏中单击"缩放到页面高度"按钮，对照标尺可以发现，它可以将当前画面按页面的最大高度显示，如图 2-26 所示。

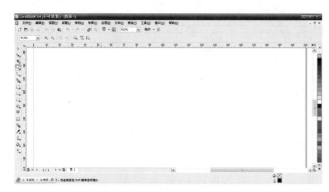

图 2-25 　"缩放到页面宽度"选项　　　　　图 2-26 　"缩放到页面高度"选项

3. 平移工具

选择 CorelDRAW 的平移工具，按住鼠标左键拖曳，可在不改变视图显示比例大小的情况下改变视点。

需要注意的是，平移工具的移动不同于选择工具的移动，选择工具的移动是改变对象的坐标位置，平移工具则是改变视点的位置。

任务四　页面辅助功能的设置

> **任务概述**

本任务主要介绍如何在绘图工作中借助标尺、网格、辅助线等辅助工具对图形进行精确的定位，使绘制图形对象的外形和大小更加精确。

> **学习目标**

熟悉标尺、网格、辅助线等辅助工具的设置及使用方法。

一、标尺的应用与设置

CorelDRAW 中的标尺能帮助用户精确绘制图形图像，确定图形位置及测量大小。在标尺的起始原点按住鼠标左键并拖曳，可以重新确定标尺的起始原点。

（1）如果标尺不可见，可以在菜单栏中选择"视图→标尺"命令将其显示出来，如图 2-27 所示。

图 2-27　标尺的显示

（2）在 CorelDRAW 中菜单栏上选择"工具→选项"命令。如图 2-28 所示，即可弹出"选项"对话框。

图 2-28　"选项"对话框的打开

（3）在"选项"对话框左侧列表框中依次选择"文档→标尺"选项，在打开的"标尺"选项面板中，即可对标尺单位、原点及其他一些属性进行适当的设置，如图 2-29 所示。

提示：标尺的主要作用就是用户可以参考标尺的尺寸来绘制图形，使得绘制图形大小更精确，符合图形的实际大小。

二、辅助线的设置

辅助线也称为导线，在 CorelDRAW 中，辅助线是最实用的辅助工具之一，通过在绘图区域中任意调节辅助线水平、垂直、倾斜方向可以帮助用户对齐所绘制的对象。

注意：辅助线在打印时将不会被打印出来，在保存文档时，会随着绘制好的图形一起保存。

（1）若要显示或隐藏辅助线，则执行"视图→辅助线"菜单命令即可，如图 2-30 所示。

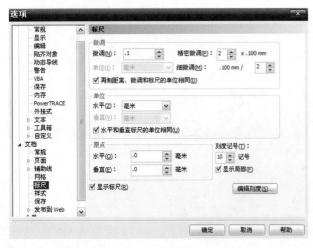

图 2-29　标尺属性的设置

图 2-30 显示或隐藏辅助线

（2）在水平标尺和垂直标尺上按住鼠标左键可拖曳出水平和垂直的辅助线，如图 2-31 所示。

图 2-31 创建水平垂直辅助线

（3）在 CorelDRAW 中，创建水平或垂直的辅助线后，用"挑选工具"选中需要调整的辅助线，双击辅助线，然后在倾斜手柄出现时拖曳鼠标即可对辅助线进行自由旋转，如图 2-32 所示。

（4）对辅助线的中心点进行移动，可以改变辅助线旋转中心点的位置。将鼠标光标移动到倾斜辅助线的中心点上，当光标变为 ✖ 形状时按住鼠标左键拖曳，即可将中心点移动，如图 2-33 所示。

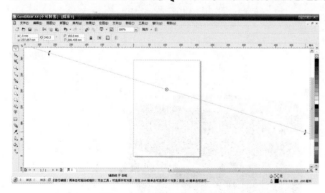

图 2-32 旋转辅助线

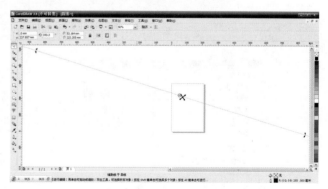

图 2-33 辅助线中心点的移动

（5）选中辅助线后双击鼠标，即可弹出"辅助线"泊坞窗，在该泊坞窗中可更改辅助线的线型、颜色等，如图 2-34 所示。

（6）点击菜单"工具→选项"，打开选项面板，选择左边"辅助线"，选择"水平"、"垂直"或"导线"选项，如图 2-35 所示，从中可对辅助线的参数属性，如颜色、位置等进行修改。还可以很方便地在工

作区中精确的坐标位置处添加或删除辅助线。

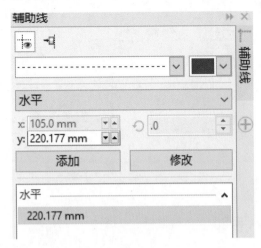

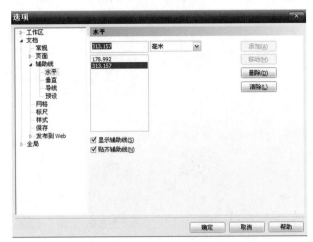

图 2-34　辅助线颜色的更改　　　　　　图 2-35　辅助线参数属性的修改

（7）若要锁定选中的辅助线，则在选中辅助线后执行"对象→锁定→锁定对象"菜单命令，将选中的辅助线锁定，如图 2-36 所示，若要解除锁定，则执行"对象→锁定→解除锁定对象"。

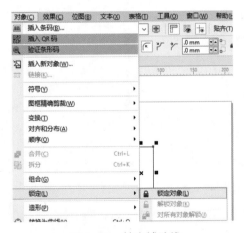

三、网格的设置

网格是一组显示在绘图窗口的虚拟交叉线条，可以提高绘图的精确性，并且不会在输出或印刷时显示。

1．网格的显示

点击"视图→网格→文档网格"命令，即可显示出网格，如图 2-37 所示。

2．更改网格的属性

点击"工具→选项"命令，在弹出的"选项"对话框中选择左边树形图中的"网格"选项，在右侧界面中可对网格的大小、

图 2-36　锁定辅助线

颜色、显示方式、透明度等参数进行设置，如图 2-38 所示。

图 2-37　网格的添加

3．文档网格和基线网格的区别

在 CorelDRAW X7 中将网格分为了文档网格和基线网格，其区别为文档网格将在整个界面都有网格的出现，而基线网格只会在页面区域有网格的出现，如图 2-39 所示。

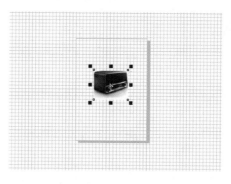　

(a) 文档网格　　　　　　(b) 基线网格

图 2-38　网格的设置　　　　　　　　图 2-39　文档网格和基线网格的区别

四、自动贴齐对象

移动或绘制对象时，使用"贴齐"功能可以将它与文档中的另一个对象贴齐，或者将一个对象与目标对象中的多个贴齐点对齐。

1．对象的贴齐

点击"视图→贴齐"，在子菜单中选择相应的命令即可将对象与画面中的像素、文档网格、基线网格、辅助线、对象、页面进行贴齐。当移动光标接近贴齐点时，贴齐点将突出显示，表示该点是要贴齐的目标，如图 2-40 所示。

2．工具栏中的自动贴齐对象

除开菜单栏外，还可以单击标准工具栏中按钮，在下拉列表中选择相应的贴齐选项，当某项命令上出现"√"符号，表示该选项被启用，如图 2-41 所示。

图 2-40　自动贴齐对象　　　　　　　图 2-41　工具栏中的自动贴齐对象

五、创建与使用标准条形码

条形码技术是随着计算机与信息技术的发展和应用而诞生的，集编码、印刷、识别、数据采集和处理于一身，将宽度不等的多个黑条和空白按照一定的编码规则排列，用以表达一组信息的图形标识符，在进行产

品包装设计时不可避免的要用到条形码。

条形码的创建步骤如下：

（1）执行"对象→插入条码"命令，弹出"条码向导"对话框，在文本框中输入数字，然后单击"下一步"按钮，如图 2-42 所示。

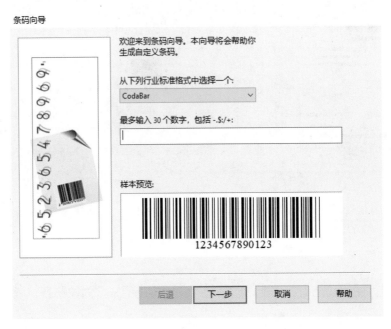

图 2-42　插入条码

（2）在弹出的对话框中设置条形码的大小，然后单击"下一步"按钮。在弹出的对话框中设置合适字体，然后单击"完成"按钮结束操作，如图 2-43 所示。

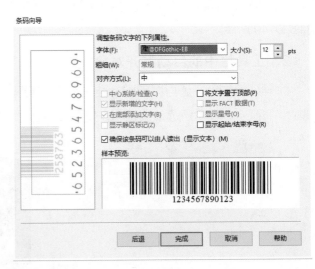

图 2-43　完成条码设置

任务五　页面的设置

> **任务概述**

　　本任务主要介绍如何在 CorelDRAW 中插入、再制、重命名与删除页面，以及工作页面的大小、版面、标签和背景的设置。

> **学习目标**

　　掌握插入、再制、重命名与删除页面的方法，以及工作页面的大小、版面、标签和背景的设置方法。

一、插入、删除与重命名页面

1．插入页面

　　在菜单栏中选择"布局→插入页"命令，系统将弹出"插入页面"对话框，如图 2-44 所示，在"插入"数值框中可输入需要插入页面的数目。在"页"后的数值框中可设置插入页的位置，而"前面"和"后面"则是表明插入该页前还是插入该页后。在该对话框的下方还可对插入页面的大小和方向进行设置。

2．删除页面

　　在菜单栏中选择"布局→删除页面"命令，打开"删除页面"对话框，如图 2-45 所示。在该对话框中如需删除单个页面，只需在"删除页面"数值框中输入所要删除的页面数值，如需删除多个页面，则需把"通道页面"选项勾选，在"删除页面"后输入需删除的起始页面，而在"通道页面"后则输入需删除页面的终止页面。

图 2-44　插入页面

图 2-45　删除页面

3．重命名页面

　　在一个包含多个页面的文档中，对个别页面设定具有识别功能的名称，可以方便地对页面进行管理。在菜单栏中选择"布局→重命名页面"命令，打开"重命名页面"对话框，如图 2-46 所示，在"页名"中输入名称，单击"确定"按钮即可，页面名称将会显示在页面的指示区中。

4．再制页面

若需再制页面，选择"布局→再制页面"命令，打开"再制页面"对话框，如图2-47所示，在其中设置好需再制的页面及其他的参数，完成后单击"确定"按钮即可。

图2-46　重命名页面

图2-47　再制页面

二、页面背景的设置

用户可以自定义绘图背景的颜色和类型，可使用均匀背景、纯色背景或位图背景等。

1．使用纯色作为背景

选择"布局→页面背景"菜单命令，打开"选项"对话框中的"背景"选项，选择该选项中的"纯色"单选按钮，如图2-48所示。

再单击其右侧的下拉按钮，在弹出的下拉列表中选中需要设置为背景颜色的红色，单击"确定"按钮，效果如图2-49所示。

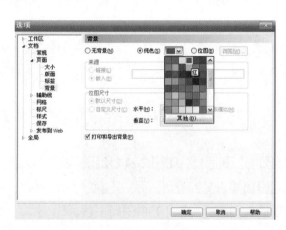

图2-48　设置纯色颜色

图2-49　设置页面的颜色为红色

2．使用位图作为背景

选择"布局→页面背景"菜单命令，打开"选项"对话框中的"背景"选项，选择该选项中的"位图"单选按钮，再单击"浏览"按钮，打开"导入"对话框，如图2-50所示，打开图片所在文件夹，选择需要作为背景的图像，单击"导入"按钮，返回至"选项"对话框，单击"确定"按钮，使用选中的位图作为背景，效果如图2-51所示。

三、页面大小、版面和标签的设置

在CorelDRAW中，版面风格决定了组织文件进行打印的方式。利用"版面"菜单中的命令，可

图2-50　选中图像并单击"导入"按钮

对文档页面的大小、版面、标签进行设定。

1．页面大小的设置

选择"布局→页面设置"命令，弹出"选项"对话框，在左边列表中选择"文档→页面尺寸"选项，如图2-52所示，在该选项中可对纸张大小、方向、出血等选项进行设置。

2．页面版面的设置

在"选项"对话框中的左边列表中选择"文档→布局"选项，在对话框右侧的"布局"选项中，单击"布局"下拉列表，可以选择包含全页面、屏风卡等在内的七种版面样式，如图2-53所示。如果勾选"预览"

图 2-51　使用位图作为背景

窗口下方的"对开页"复选框，则可在多个页面中显示对开页，如图2-54所示，而"起始于"下拉列表也将激活。

图 2-52　页面尺寸的设置

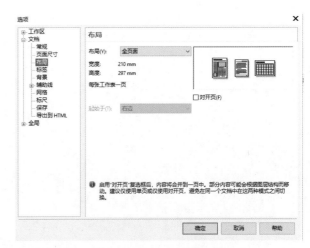

图 2-53　页面版面的设置

注意：只有版面为全页面和活页的版面样式时，"对开页"复选框才可以使用，选择其他版面样式时，将呈灰色显示。

3．页面标签的设置

在选项框中的左边选择"文档→标签"选项，打开"标签"选项面板，如图2-55所示，在"标签类型"列表框中可选择任意一种标签，并可通过右边的窗口预览。单击"自定义标签"按钮，可弹出"自定义标签"对话框，如图2-56所示，在该对话框中可对"宽度"和"高度"、"页边距"及"栏间距"等进行设置，当参数设置完成后，单击"标签样式"下拉列表右侧的加号和减号按钮，可以保存或删除自定

图 2-54　全页面下选择"对开页"的版面效果

义标签。

图 2-55　页面标签的设置　　　　　　　图 2-56　"自定义标签"对话框

CorelDRAW Jisuanji Fuzhu Sheji

项目三

几何图形的绘制

任务一　基本几何图形的绘制

> **任务概述**

本任务主要介绍 CorelDRAW 中矩形工具、椭圆工具、多边形工具等绘制基本几何图形的工具。

> **学习目标**

掌握运用矩形工具、椭圆工具、多边形工具等绘制几何图形的方法。

一、矩形工具

1．矩形工具的使用

（1）单击矩形工具 ▢ 图标，在绘图窗口中单击并拖曳鼠标，直至矩形达到所需的大小，如图 3-1 所示。若按住"Ctrl"键，拖动鼠标可绘制出正方形；若按住"Shift"键，拖动鼠标则可绘制由中心向外扩展的矩形；若按住"Ctrl+Shift"键，则可绘制出以中心向外扩展的正方形。

（2）通过矩形属性栏可调节倒角的类型，具体有圆角、扇形角、倒棱角三种类型，如图 3-2 所示。

（3）通过调节矩形属性栏中的倒角数值，可以调节倒角的大小，如单击倒角调节区旁的按钮，使其呈打开状态，可对某一倒角进行单独的调节，如图 3-3 所示。

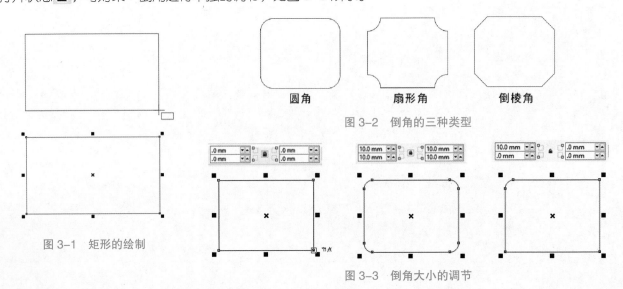

图 3-1　矩形的绘制

图 3-2　倒角的三种类型

图 3-3　倒角大小的调节

圆角　　扇形角　　倒棱角

2．3 点矩形工具的使用

使用 3 点矩形工具，在页面区域的适当位置按下鼠标左键拖出一条直线，如图 3-4 所示，释放鼠标左键后移动鼠标光标位置，便会随鼠标光标拖出一个矩形，如图 3-5 所示。

图 3-4　拖出一条直线绘制 3 点矩形

图 3-5　3 点矩形的绘制

注意：矩形工具和 3 点矩形工具只是绘制矩形的方法不同，但最终所得的矩形属性是相同的。

二、绘制椭圆和圆

1．椭圆和圆的绘制

（1）在工具箱中选择椭圆工具，将光标移到页面合适的位置，按下鼠标左键并拖曳，即可绘制出任意比例的椭圆。

（2）按住"Ctrl"键，可绘制一个正圆；若同时按下"Ctrl+Shift"键，则可绘制出以起点为中心向外扩张的正圆。

图 3-6　饼形和圆弧的绘制

2．饼形和圆弧的绘制

（1）在属性栏中可选择椭圆、饼形或圆弧按钮，单击每一个按钮效果各不相同，效果如图 3-6 所示。

（2）属性栏 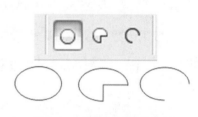 中的 90.0 表示饼形或圆弧的起始角度。在该属性栏中设置数值，可精确得到所需的圆弧或饼形。

提示：3 点矩形工具是根据轴的两点和椭圆上的另一点来绘制椭圆的，即先确定轴所在的两个点，再确定椭圆上的另一点，轴的长短根据椭圆上的另一点来确定。

三、绘制多边形和星形

1．多边形的绘制

（1）在工具箱中选择多边形工具 ⬡，然后在属性栏中的"多边形边数"的数值框中 ⬠5 ▢ 输入所需的边数，再在页面中单击并拖动绘制多边形，如图 3-7 所示。

（2）可选用形状工具 ▸ 对绘制完的多边形进行调整，用形状工具选取多边形的顶点向下拖动，效果如图 3-8 所示。

2．星形的绘制

（1）在工具箱中选择星形工具 ☆，在其属性栏中的"星形的点数"数值框 ☆5 ▢ 中输入数值，在页面中单击并拖曳鼠标即可得到一个星形，如图 3-9 所示。

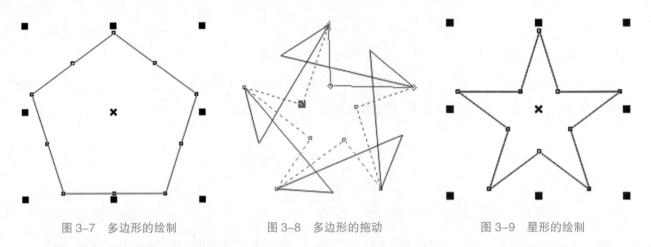

图 3-7　多边形的绘制　　　　　　图 3-8　多边形的拖动　　　　　　图 3-9　星形的绘制

（2）在属性栏中可将"尖角度增大"数值框的数值增大，前面所绘制的星形将会变成图3-10所示的效果。

3．复杂星形的绘制

单击工具箱中的多边形工具按钮，在弹出的隐藏工具栏中选择复杂星形 ，在其属性栏上的"复杂星形的点数或边数"数值框 9 中输入数值，设置好"复杂星形的锐度" 2 ，在绘图窗口中单击并拖曳鼠标，即可绘制复杂星形，如图3-11所示。

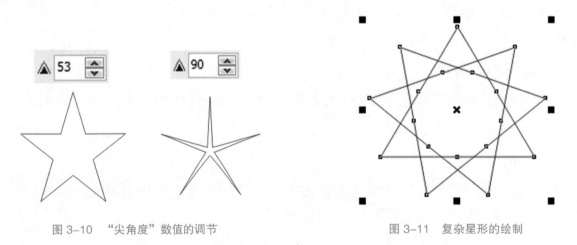

图 3-10　"尖角度"数值的调节　　　　　　图 3-11　复杂星形的绘制

四、绘制螺

1．对称式螺纹的绘制

在工具箱中多边形工具展开的隐藏工具中选取螺旋形工具 图标，在其属性栏的"螺纹回圈"数值框 4 中输入所需螺纹的圈数，并单击"对称式螺纹"按钮 ，在页面中单击并拖曳即可得到对称式螺纹，如图3-12所示。

2．对数式螺纹的绘制

在属性栏中单击"对数式螺纹"按钮 ，在当前的页面中单击并拖动即可得到一个对数式螺纹。在属性栏中，可对对数式螺纹的"螺纹扩展"参数 100 进行更改，效果如图3-13所示。

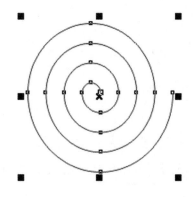

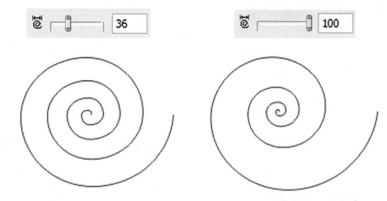

图 3-12 对称式螺纹的绘制   图 3-13 对数式螺纹中"螺纹扩展"参数的设置

五、绘制网格

（1）单击工具箱中的多边形工具按钮，在弹出的隐藏工具栏中选择图纸工具 📄 图标，然后在其属性栏中的"图纸行和列"数值框 📊 中输入数值，拖动鼠标即可绘制网格，如图 3-14 所示。

（2）选中绘制好的网格，执行取消群组命令，将网格打散，使用挑选工具在图纸中拖动可以选择图纸中的一部分，并对其进行编辑，如图 3-15 所示。

提示：网格工具主要用于在绘制曲线图或其他对象时辅助用户精确地排列对象，如图 3-16 所示，网格工具在 VI 上的运用。

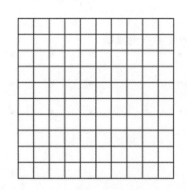

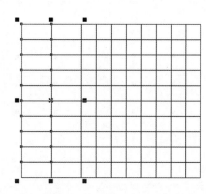

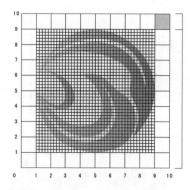

图 3-14 网格的绘制   图 3-15 网格的编辑   图 3-16 标志方格制图规范

任务二 基本形状的绘制

> 任务概述

本任务主要介绍 CorelDRAW 中使用完美形状集绘制预定义形状的方法。

> **学习目标**

了解运用基本形状工具快速绘制几何图形的方法。

一、基本形状的绘制

（1）单击工具箱中的基本形状工具按钮 图标，再单击其属性栏上的"完美形状" 下拉按钮，在弹出的下拉列表中选择需要的一种形状，如图 3-17 所示。

（2）在页面适当的位置拖曳鼠标，直至该形状达到所需大小，单击并拖曳轮廓沟槽，直至图形到达所需大小，如图 3-18 所示。

图 3-17　选择所需的基本形状　　图 3-18　调整图形的大小

二、箭头形状的绘制

（1）在工具箱基本形状工具展开的隐藏工具栏中单击箭头形状工具 图标，单击属性栏中的"完美形状"按钮 ，在弹出的箭头工具选项面板选择合适的箭头形状，如图 3-19 所示。

（2）在页面的适当位置单击并拖曳鼠标，即可绘制箭头形状，如图 3-20 所示。

（3）单击并拖曳轮廓沟槽，直至图形达到所需的形状，如图 3-21 所示。

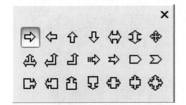

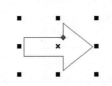

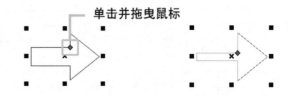

图 3-19　选择需要的箭头形状　　图 3-20　绘制箭头形状　　　　　　图 3-21　调整箭头的形状

三、流程图的绘制

（1）单击工具箱中的基本形状工具按钮，在弹出的隐藏工具栏中选择流程图形状工具 图标，在其属性栏的"完美形状" 下拉列表中选择需要的流程图，如图 3-22 所示。

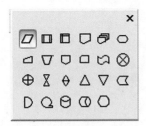

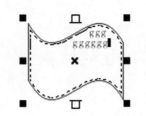

（2）在页面适当的位置单击并拖曳鼠标，绘制流程图，选择工具箱中的文本工具 字 图标，在流程图的内部单击，输入需要的文本，如图 3-23 所示。

图 3-22　选择需要的流程图　　图 3-23　在流程图里输入文本

四、为图形添加标题

（1）单击工具箱中的基本形状工具按钮，在弹出的隐藏工具栏中选择标题形状工具 ，在其属性栏中

"完美形状"下拉中选择需要的形状，如图 3-24 所示。

（2）在页面适当的位置单击并拖曳鼠标，绘制标题，如图 3-25 所示。拖动标题上的锚点 ◆，可修改图形形状达到所需的要求。

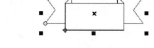

图 3-24　选择所需的标题工具　　图 3-25　绘制标题

五、为图形添加标注

（1）单击工具箱中的基本形状工具按钮，在弹出的隐藏工具栏中选择标注形状工具 图标，在其属性栏中"完美形状"下拉列表中选择需要的形状，如图 3-26 所示。

（2）在页面适当的位置单击并拖曳鼠标，绘制标注，选择工具箱中的文本工具 字 图标，输入需要的文本，并调整到页面适当的位置，如图 3-27 所示。标题形状工具的使用方法与标注形状的相同。

图 3-26　选择所需的标注工具　　图 3-27　绘制标注

任务三　表格的添加及设置

> **任务概述**

本任务主要介绍 CorelDRAW 中表格的设置方法。

> **学习目标**

掌握表格的添加及设置的方法。

一、表格的添加

1. 在图像中添加表格

（1）单击工具箱中的表格工具按钮，在属性栏上的"表格中的行数和列数"数值框中输入数值，然后沿对角线方向单击并拖曳鼠标，绘制表格，如图 3-28 所示。

（2）用户还可以通过菜单命令创建表格，单击"表格→创建新表格"命令，出现"创建新表格"对话框，在对话框中输入"行数"、"栏数"、"高度"和"宽度"的数值，然后单击"确定"按钮，也可创建表格，如图 3-29 所示。

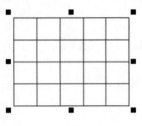

图 3-28　表格的绘制

图 3-29　创建表格

2．从文本创建表格

（1）使用"挑选工具"选中需转换为表格的文本，执行"表格→将文本转换为表格"菜单命令，打开"将文本转换为表格"对话框，如图 3-30 所示。

（2）在该对话框中用户可根据需要选择分隔符创建列，若单击"逗号"单选按钮，则使用逗号替换每列，使用段落标记替换每行，设置完成后单击"确定"按钮，得到如图 3-31 所示图像效果。

图 3-30　"将文本转换为表格"对话框

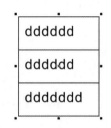

图 3-31　转换后的效果

二、选择和移动表格中的行、列或单元格

1．选择表格、行或单元格

（1）选择工具箱中的表格工具按钮，单击绘制好的表格。若要选择表格，只需执行"表格→选择→表格"命令，即可选中表格，如图 3-32 所示。

（2）若要选择表格中的行，则在行中单击，再执行"表格→选择→行"命令，如图 3-33 所示。选择表格中的列的方法与选择行的相同。

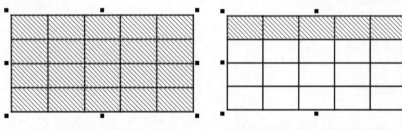

图 3-32　选中表格　　　　　　　　图 3-33　选中表格中的行

2．移动表格中的单元格

（1）选择工具箱中的表格工具按钮，在需要设置的表格中单击并拖曳鼠标，选中表格，如图 3-34 所示。

（2）将选择的表格拖曳至需要的位置即可，如图 3-35 所示。

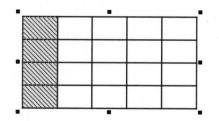

图 3-34 选中表格中的单元格

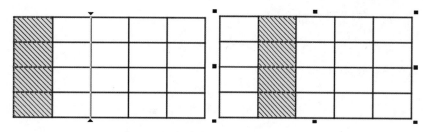

图 3-35 移动表格中的单元格

三、设置表格的大小和外形

1. 调整表格的大小

单击工具箱中的表格工具按钮，选择要调整大小的单元格，在属性栏中的"高度"和"宽度"数值框

中输入数值。

2. 分布表格行和列

若要分布表格行和列，使所有选定行的高度相同，则先选择要分布的表格单元格，如图 3-36 所示，再单击"表格→分布→列均分"命令，效果如图 3-37 所示。

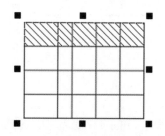

图 3-36 选择需分布的单元格

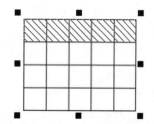

图 3-37 执行菜单命令

3. 设置表格颜色

选中表格，单击其属性栏中"背景"下拉按钮 背景：□▼，在弹出的下拉列表中选择需要的颜色。

四、插入行、列

在表格新建之后，可以根据实际需要对其执行"插入"命令，来增加表格的行数和列数。

1. 在行上方插入

使用形状工具选择一个单元格。执行"表格→插入→行上方"命令，即可在所选择单元格上方插入一行单元格，如图 3-38 所示。

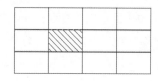  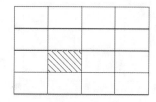

图 3-38 在行上方插入表格

2．在行下方插入

使用形状工具选择一个单元格。执行"表格→插入→行下方"命令，即可在所选择单元格下方插入一行单元格，如图 3-39 所示。

图 3-39　在行下方插入表格

3．在列左侧插入

选择一个单元格，接着执行"表格→插入→列左侧"命令，即可在所选择单元格左侧插入一行单元格，如图 3-40 所示。

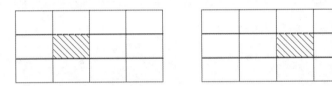

图 3-40　在列左侧插入表格

4．在列右侧插入

选择一个单元格，接着执行"表格→插入→列右侧"命令，即可在所选择单元格右侧插入一行单元格，如图 3-41 所示。

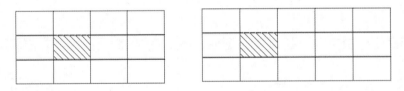

图 3-41　在列右侧插入表格

五、合并和拆分单元格、行和列

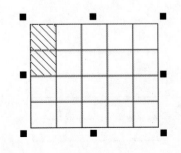

图 3-42　选中需要合并的单元格

1．合并单元格

（1）选中需要合并的单元格，如图 3-42 所示。

（2）执行"表格→合并单元格"菜单命令或按"Ctrl+M"快捷键，即可合并单元格，效果如图 3-43 所示。

2．拆分单元格

（1）选择要拆分的单元格，执行"表格→拆分为行"菜单命令，如图 3-44 所示。

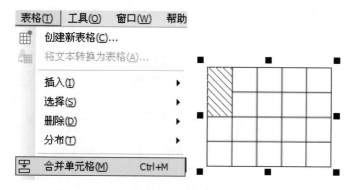 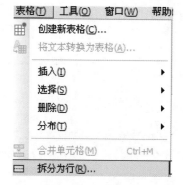

图 3-43　合并单元格　　　　　　　　图 3-44　选择单元格并执行菜单命令

（2）打开"拆分单元格"对话框，在"行数"数值框中输入所需的数值，单击"确定"按钮，效果如图3-45所示。若要垂直拆分选定内容，则执行"表格→拆分为列"菜单命令即可。

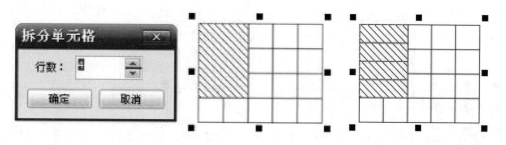

图 3-45　拆分单元格

六、删除行 / 列

1. 删除行

使用选择工具选择一个表格，然后单击工具箱中的"形状工具"按钮，用形状工具选择需要删除的行，执行"表格→删除→行"命令，即可将选中单元格所在的行删除，如图3-46所示。

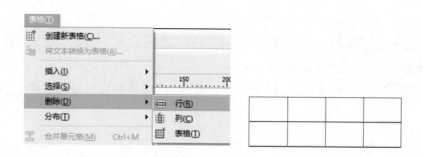

图 3-46　删除行

2. 删除列

使用选择工具选择一个表格，然后单击工具箱中的"形状工具"按钮，用形状工具选择需要删除的列，执行"表格→删除→列"命令，即可将选中单元格所在的列删除，如图3-47所示。

3. 删除表格

使用形状工具选择需要删除的表格，执行"表格→ 删除→表格"命令，即可将选中的表格删除，或按

Delete 键也可以将其删除，如图 3-48 所示。

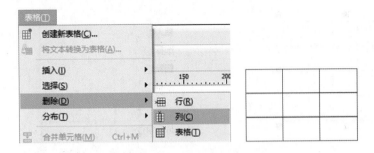

图 3-47　删除列　　　　　　　　　　　　　　　图 3-48　删除表格

4．删除表格内容

使用文本工具选中表格中需要删除的内容，按 Delete 键或者 Backspace 键即可将其删除，如图 3-49 所示，需注意的是，必须要选中文字内容，否则单元格或表格可能会被删除。

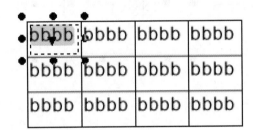

图 3-49　删除表格内容

七、添加内容到表格

1．添加文字

（1）如果要在表格中添加文字，首先单击工具箱中的"表格工具"按钮，然后在要输入文字的单元格中单击，显示出插入点光标，如图 3-50 所示。

（2）此时直接输入文字即可，如图 3-51 所示，如需选中文字，可以直接用鼠标拖动或者按"Ctrl+A"快捷键。

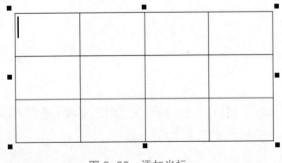

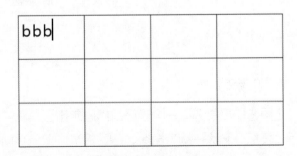

图 3-50　添加光标　　　　　　　　　　　　　　图 3-51　输入文本

（3）选中文字后我们可修改文字的属性（字体、字号、颜色等），如图 3-52 所示。

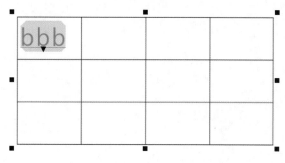

图 3-52　修改文本属性

2．添加图像

（1）如果要在表格中添加图像，可以先将图像复制，然后使用表格工具选择需要插入的单元格，并进行粘贴即可，如图 3-53 所示。

（2）另一种方法是在图像上按下鼠标右键，将其拖动到单元格中，松开鼠标，在弹出的快捷菜单中执行"置于单元格内部"命令，即可插入图像，如图 3-54 所示。

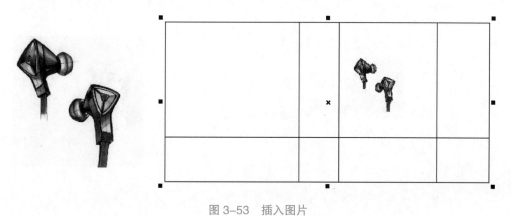

图 3-53　插入图片

图 3-54　拖动图片插入

CorelDRAW Jisuanji Fuzhu Sheji

项目四

对象的基本编辑

任务一　对象的选取

> **任务概述**

本任务主要介绍 CorelDRAW 中对象选取的方法及相关技巧。

> **学习目标**

掌握运用挑选工具选择单个或多个对象、被其他对象遮挡的对象及群组中的单个对象的方法。

一、选择单个或多个对象

1. 选择单个对象

单击工具箱中的挑选工具 ⬚，其快捷键为键盘上的空格键。若要选中单一对象，则单击该对象即可，如图 4-1 所示。

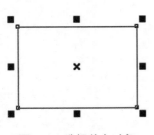

图 4-1　选择单个对象

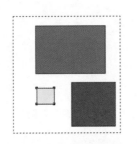

图 4-2　框选多个对象

2. 选择多个对象

（1）使用挑选工具 ⬚ 在一个或多个对象周围单击并拖曳鼠标，即可框选多个对象，如图 4-2 所示。

（2）如按住"Shift"键，并使用挑选工具依次单击需加选的各对象，可以同时选择多个对象。

提示：在 CorelDRAW 中，加选和减选对象都是按住"Shift"键。减选时，只需在已选择的对象上按住"Shift"键再单击该对象，即可把该对象减选。

3. 对象的全选

若要全选对象，可按快捷键"Ctrl+A"，也可双击工具箱中的挑选工具。

二、选择被隐藏的对象

如果要从一群重叠的对象中选取下面某一对象，则只需按下"Alt"键，再使用鼠标逐次单击最上层的对象，即可依次选取下面各层被隐藏的对象了，如图 4-3 所示。

三、选择群组中的某个对象

如果要选择群组中的某个对象，则只需按下"Ctrl"键，使用鼠标单击所要选择的对象即可，此时对象周围的控制点将变为小圆点，如图 4-4 所示。而切换单个对象的选择可按"Tab"键。

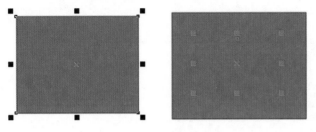

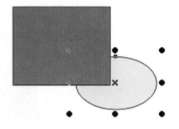

图 4-3　选择被隐藏的对象　　　　　　　　　　图 4-4　选择群组中的某个对象

任务二　对象的复制、剪切、再制和克隆

> **任务概述**

本任务主要介绍 CorelDRAW 中对象的复制、剪切、再制和克隆的方法。

> **学习目标**

掌握 CorelDRAW 中对象的复制、剪切、再制和克隆的方法。

一、复制图像对象

1．执行菜单命令

（1）使用挑选工具选中需要复制的图形，选择"编辑→复制"菜单命令，或按"Ctrl+C"快捷键，如图 4-5 所示。

（2）选择"编辑→粘贴"命令，或按"Ctrl+V"快捷键，可在相同位置复制所选中的图形对象，使用挑选工具可调整图形的位置，如图 4-6 所示。

图 4-5　对象的复制　　　　图 4-6　对象的粘贴

2．标准栏中"复制"按钮

（1）选中需要复制的图形对象，单击标准栏中的"复制"按钮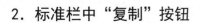。

（2）单击标准栏中的"粘贴"按钮 📋，即可粘贴复制的对象，再使用挑选工具移动图形的位置。

3．拖曳复制

使用挑选工具选择需要复制的对象，单击图形并将其拖曳到需要的位置，右击，即可复制图形，如图4-7所示。

图 4-7　对象的拖曳复制

二、再制对象

选用挑选工具选择所需的图形，执行"编辑→再制"命令，或按"Ctrl+D"快捷键，可对图形进行再制，如不断按"Ctrl+D"快捷键，将得到如图4-8所示的图形效果。

提示：再制的速度比复制和粘贴要快，且再制对象时可沿着X或Y轴指定副本和原始对象之间的距离。

三、剪切和粘贴对象

（1）选中工具箱中的挑选工具，选中需要剪切的图形对象。

（2）执行"编辑→剪切"命令或按"Ctrl+X"快捷键，将选中的图形进行剪切。

（3）在页面的空白区域选择"编辑→粘贴"命令，或者在页面空白区域右击，在弹出的菜单中选择"粘贴"选项及按"Ctrl+V"快捷键，如图4-9所示。

四、克隆对象

选用挑选工具选择所需的图形，执行"编辑→克隆"菜单命令，可对图形进行克隆。克隆的速度比复制和粘贴要快，且改变源对象的大小、颜色等属性时，被克隆的新对象也将随之发生变化，效果如图4-10所示。

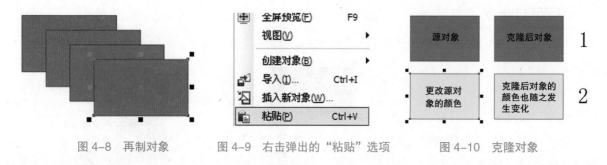

图 4-8　再制对象　　　图 4-9　右击弹出的"粘贴"选项　　　图 4-10　克隆对象

五、复制对象属性

在 CorelDRAW 中，可以将属性从一个对象复制到另一个对象，可以复制的对象属性包括轮廓、填充和文本属性等。

　　提示：我们可以将需要复制属性对象作为"目标对象"，被复制属性的对象称为"源对象"。

　　（1）选择"目标对象"，如图 4-11 所示。

　　（2）执行"编辑→复制属性自"命令，弹出"复制属性"对话框。

　　（3）在弹出的对话框中选中要复制的属性，单击"确定"按钮，如图 4-12 所示，

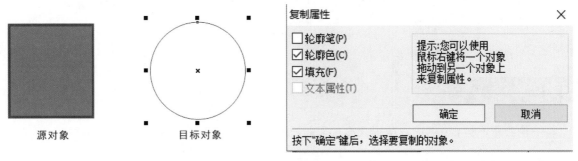

图 4-11　选择"目标对象"　　　　　　　　　图 4-12　"复制属性"对话框

　　（4）将光标移动到"源对象"处，光标变为了黑色箭头，单击即可完成复制对象属性的操作如图 4-13 所示。

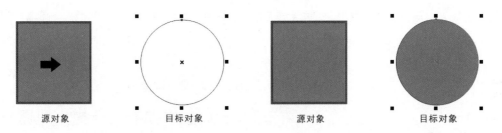

图 4-13　复制对象属性

六、使用"步长和重复"命令复制出多个对象

　　（1）选择对象，点击"编辑→步长和重复"命令（快捷键为"Ctrl+Shift+D"），弹出"步长和重复"泊坞窗。

　　（2）可分别对偏移的距离及份数进行设置，如图 4-14 所示。

　　（3）点击"应用"按钮，即可按设置的参数复制出相应数目的对象，如图 4-15 所示。

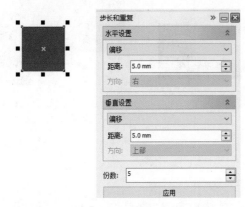

图 4-14　"步长和重复"泊坞窗　　　　　　　　图 4-15　复制相应数目的对象

任务三 对象顺序的改变

任务概述

本任务主要讲解 CorelDRAW 中改变对象顺序的方法。

学习目标

掌握运用菜单命令及快捷键对对象进行顺序改变的方法。

在编辑多个堆积在一起的对象时，通常要考虑对象堆积的层次顺序。执行"对象→顺序"命令，将弹出一个如图 4-16 所示的弹出式菜单。适当选择该菜单中的 9 个选项，可以轻松地调整对象的堆积顺序。

到页面前面(F)	Ctrl+Home	
到页面后面(B)	Ctrl+End	
到图层前面(L)	Shift+PgUp	
到图层后面(A)	Shift+PgDn	
向前一层(O)	Ctrl+PgUp	
向后一层(N)	Ctrl+PgDn	
置于此对象前(T)…		
置于此对象后(E)…		
反转顺序(R)		

图 4-16 弹出式菜单

一、到图层前面与到图层后面

（1）在图形中选中需要调整顺序的黄色图形，如图 4-17 所示。

（2）在菜单栏中选择"对象→顺序→到图层前面"命令或按快捷键"Shift+ Page Up"，效果如图 4-18 所示，可将选中的黄色图形移动到所有图层的前面。

（3）同理，如选择"对象→顺序→到图层后面"命令或按快捷键"Shift+Page Down"，则可将选中的黄色图形移动到所有图层的后面，如图 4-19 所示。

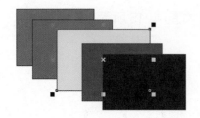 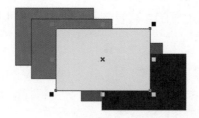 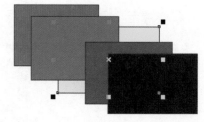

图 4-17 选中图形对象 1　　　图 4-18 将图形置于图层前面　　　图 4-19 将图形置于图层后面

二、向前一位与向后一位

（1）在图形中选择需调整顺序的黄色图形，如图 4-20 所示。

（2）在菜单栏中选择"对象→顺序→向前一位"命令或按快捷键"Ctrl+ Page Up"，效果如图 4-21 所示，可将选定的黄色图形向前移动一个位置。

（3）同理，若选择菜单栏中"对象→顺序→向后一位"命令或按快捷键"Ctrl+ Page Down"，效果如图 4-22 所示，可将选定的黄色图形向后移动一个位置。

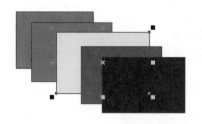

图 4-20　选中图形对象 2

图 4-21　将图形向前一位

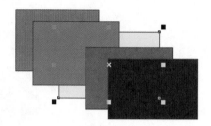

图 4-22　将图形向后一位

三、置于此对象前与置于此对象后

使用"置于此对象前"和"置于此对象后"这两个命令可以决定选取对象处于指定的对象的前面还是后面。

（1）使用挑选工具选中黄色对象，然后选择菜单栏中的"对象→顺序→置于此对象前"命令，鼠标光标变为黑色的箭头形状 ➡，如图 4-23 所示。

（2）单击红色对象，黄色对象将会排列到红色对象的前面，效果如图 4-24 所示。

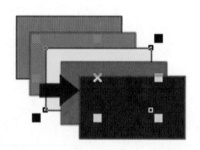

图 4-23　选择菜单命令后的情况

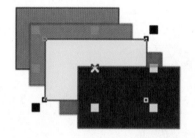

图 4-24　将图形置于对象前面

（3）同理，如使用挑选工具选中黄色对象，再选择菜单栏中的"对象→顺序→置于此对象后"命令，鼠标光标变为黑色的箭头形状 ➡，然后单击蓝色对象，黄色对象将会排列到蓝色对象的后面，效果如图 4-25 所示。

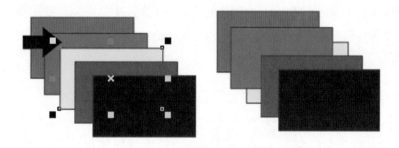

图 4-25　将图形置于对象后面

四、反转顺序

使用"反转顺序"选项，可使被选中的对象按照与目前显示顺序相反的顺序重新排列。

（1）按下"Shift"键不放，使用挑选工具加选所有的对象，如图 4-26 所示。

（2）选择菜单栏中的"对象→顺序→反转顺序"命令，这五个对象将以相反的图层顺序进行排列，如图 4-27 所示。

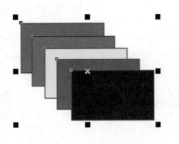

图 4-26　选中图形对象 3

图 4-27　将图形对象反转顺序

任务四　对象的群组与合并

> **任务概述**

本任务主要讲解 CorelDRAW 中对象的群组与解散、合并与拆分的方法。

> **学习目标**

掌握对象操作中群组与解散、合并与拆分的方法。

一、群组

在绘制图像的过程中，如果图形太多，各个对象之间的操作会相互影响，使用群组可以在不改变对象属性的前提下，将多个图形对象合并在一起，方便对图像的编辑。

1. 群组对象

（1）使用工具箱中的挑选工具，选中需群组的全部对象，如图 4-28 所示。

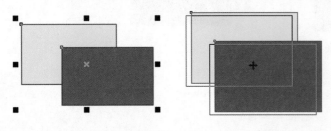

（2）选择菜单栏中的"对象→群组"命令或按"Ctrl+G"键，使多个对象形成一个整体，而群组中的每个对象仍保持原始属性，使用挑选工具移动时，两个图像将成一个整体进行移动，如图 4-29 所示。

图 4-28　选中需群组的全部对象　　图 4-29　移动群组的对象

2．取消群组

（1）"取消群组"其实就是逆群组的操作。使用工具箱中的挑选工具，选中需取消群组的对象。

（2）选择菜单栏中的"对象→取消群组"命令或按"Ctrl+U"键，即可取消群组关系，如图4-30所示。

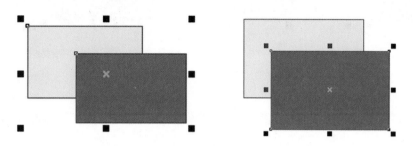

图4-30　取消群组关系

3．取消全部群组

（1）"取消群组"与"取消全部群组"都为群组的逆操作，但"取消群组"的功能是将群组拆分为单个对象，或者将嵌套群组拆分为多个群组，而"取消全部群组"的功能是将一个或多个群组拆分为单个对象，包括嵌套群组中的对象。

（2）如图4-31所示，该多层群组对象为由两个嵌套群组对象组成的，如使用"取消群组"命令，则将该对象拆分为两个嵌套群组对象，而如果选择"取消全部群组"命令，则将该多层群组对象一次性的全部解散。

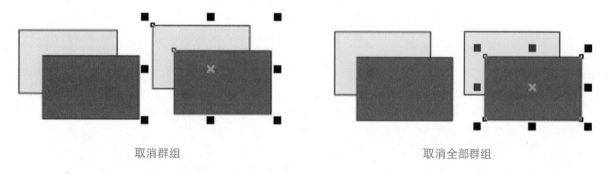

取消群组　　　　　　　　　　　　　　取消全部群组

图4-31　取消全部群组

二、合并

1．合并对象

合并命令可以将多个对象合并为一个对象，且该对象的属性将变为原对象中最底层对象的属性，而重合部分将变为透明。

（1）使用挑选工具以框选的方式选中需合并的黄色和红色对象，选择菜单栏中的"对象→合并"命令或按"Ctrl+L"键，最后生成的对象将保留所选位于最下层的黄色对象的属性，如图4-32所示。

（2）如使用"Shift"键逐个选取对象的方法，则合并后对象的属性将跟最后选取的对象相一致。如图4-33所示，使用挑选工具先选黄色对象，后选红色对象，执行菜单栏中的"对象→合并"命令，合并后的对象属性将跟后选的红色对象相一致。

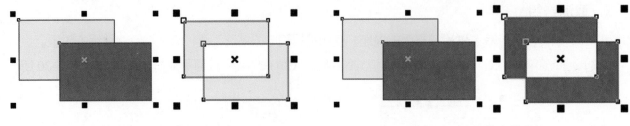

图 4-32　框选并合并对象　　　　　　　　　　图 4-33　点选并合并对象

2．拆分对象

（1）拆分对象命令可以把合并的对象拆分成相同属性的对象，拆分后的对象则不会还原为原始的填充色。

（2）使用挑选工具选中需拆分的对象，选择菜单栏中的"对象→拆分"命令或按"Ctrl+K"键，效果如图 4-34 所示。

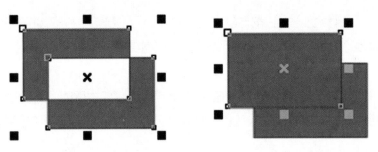

图 4-34　拆分对象

任务五　对象的对齐与分布

> **任务概述**

本任务主要讲解 CorelDRAW 中对象的对齐与分布的方法。

> **学习目标**

掌握运用菜单栏命令及属性栏中的选项对对象进行对齐与分布的方法。

一、对象的对齐

对齐命令可以使对象相互对齐，也可以使对象与绘图页面的各个部分对齐，还可以将多个对象水平或垂直对齐绘图页面的中心。

1．快速对齐

（1）使用挑选工具框选需对齐的图形对象。

（2）执行"对象→对齐和分布→左对齐"菜单命令，可将选中的图形快速左对齐，如图4-35所示。在该菜单命令中还有"右对齐"、"顶端对齐"、"底端对齐"、"水平居中对齐"、"垂直居中对齐"等命令。

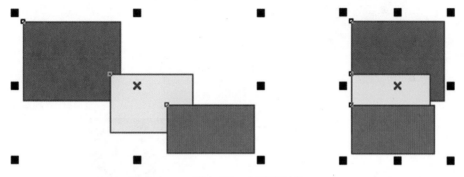

图 4-35　左对齐对象

注意：如果是框选对象，则将以顺序中最底层的对象为对齐基准；如果是按"Shift"键加选对象，则是以最后选择的对象为对齐基准。

2．"对齐"泊坞窗

（1）使用挑选工具框选需对齐的对象。

（2）在菜单栏中选择"对象→对齐与分布→对齐与分布"命令，或单击属性栏中的对齐按钮，弹出"对齐与分布"泊坞窗，如图4-36所示。

（3）在"对齐与分布"泊坞窗中点击顶端对齐按钮，图形对象将应用到顶部对齐方式，效果如图4-37所示。

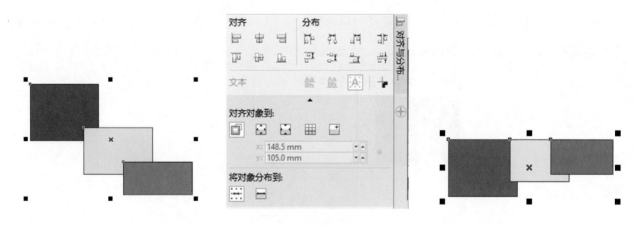

图 4-36　"对齐"选项卡　　　　　　　　　　　图 4-37　顶对齐对象

提示：勾选"左"复选框，则将图形垂直左对齐，是对象的左边缘处于同一垂直线上；勾选"中"复选框，则将图形水平居中对齐，使对象的中心处于同一水平线上；勾选"右"复选框，则将图形垂直右对齐，使对象的右边缘处于同一垂直线上；勾选左边的"中"复选框，则使对象的中心处于同一垂直线上；勾选左边的"下"复选框，则在水平方向上进行对齐，使对象的底端处于同一水平线上。

二、对象的分布

分布对象的功能会使其中心点或选定边缘以相等的间隔出现，也会使它们之间的距离相等。

（1）使用挑选工具框选需分布对象，如图 4-38 所示。

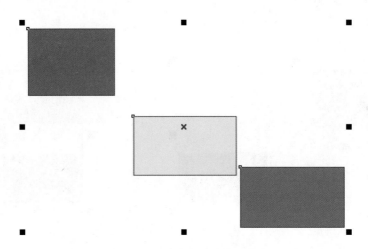

图 4-38　选中需分布的对象

（2）在菜单栏中选择"对象→对齐和分布→对齐和分布"菜单命令，打开"对齐和分布"对话框，单击"分布"标签，切换至"分布"选项卡，如图 4-39 所示。

图 4-39　切换至"分布"选项卡

（3）点击左分散排列按钮，以及顶部分散排列按钮，执行完该分布命令的对象，其顶边和左边之间的距离将相等，如图 4-40 所示。

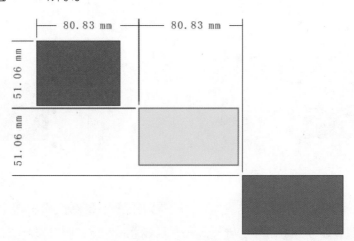

图 4-40　分布对象

提示：若点击分散排列间距按钮、，则将选定对象之间的间隔设为相同距离。

任务六　对象的变换操作

> **任务概述**

本任务主要介绍运用 CorelDRAW 对对象进行移动、旋转、大小、缩放、镜像等基本编辑的方法。

> **学习目标**

掌握对对象进行移动、旋转、大小、缩放、镜像的方法。

一、旋转图形对象

1．快速旋转

（1）使用挑选工具选中需旋转的图形对象，如图 4-41 所示。

（2）在图形对象上双击进入旋转编辑模式，单击并拖曳图形四周的任意控制句柄，旋转到合适的角度后，释放鼠标左键，如图 4-42 所示。

图 4-41　选中需旋转的对象　　　　　图 4-42　旋转所选对象

2．精确旋转对象

（1）使用挑选工具选中需旋转的图形对象。

（2）选择菜单栏中的"对象→变换→旋转"命令，打开旋转泊坞窗，如图 4-43 所示。

（3）在该"角度"参数框中输入所选对象要旋转的角度30°；在"中心"选项的两个参数框中，设置水平和垂直方向上的参数值来决定对象的旋转中心；选中"相对中心"复选框，可在其下方的指示器中选择旋转中心的相对位置。

（4）设置完成后，单击"应用"按钮，即可按所做的设置旋转对象，如图4-44所示。如单击"应用到再制"按钮，可保留原来的状态不变，将所做的设置应用到复制的对象上。

图4-43　"变换"对话框中的旋转泊坞窗　　　　　图4-44　旋转对象

二、镜像对象

（1）选择需镜像的对象，单击属性栏中的"垂直镜像"按钮，效果如图4-45所示。

（2）对对象进行垂直镜像外，还可对其进行水平镜像，选择需镜像的图像对象，单击属性栏中的"水平镜像"按钮，效果将如图4-46所示。

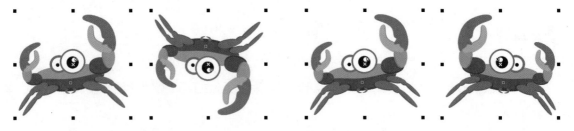

图4-45　垂直镜像图形对象　　　　　　　图4-46　水平镜像图形对象

（3）除上述的方法外，还可选择菜单栏中的"对象→变换→比例"菜单命令，打开比例泊坞窗，如图4-47所示。在"镜像"选区下，通过单击水平镜像按钮或垂直镜像按钮，可以对所选对象进行水平或垂直方向上的镜像。

（4）在该泊坞窗的"缩放"选区下的参数框中输入数值50%（见图4-48（a）），设置对象在水平或垂直方向上的比例，单击水平镜像，再单击"应用到再制"按钮，效果如图4-48（b）所示。

（a）　　　　　　　　　　　　　　　　　（b）

图4-47　比例泊坞窗　　　　　　　　图4-48　缩放和镜像对象

三、倾斜对象

（1）选中需要倾斜的对象，双击图形进入编辑模式，将光标移至 ⇕ 形状旁，拖曳鼠标可对图形进行倾斜操作，如图 4-49 所示。

图 4-49 倾斜图形对象

（2）如需精确的设置倾斜的度数，选择"对象→变换→倾斜"菜单命令，打开倾斜泊坞窗。

（3）在"水平"或"垂直"的数值框中输入数值，可用于设置水平或垂直倾斜对象的度数，如设置"水平"参数为 30，单击"应用"按钮，得到如图 4-50 所示的图像效果。

图 4-50 精确水平倾斜对象的参数设置

四、调整对象的大小和位置

（1）用挑选工具选中需要设置的图形对象，在属性栏的"对象大小"数值框 ⊨⊣ 74.117 mm ⊥ 54.275 mm 中输入数值，设置选中图形的大小，在"对象位置"数值框 x: 100.937 mm y: 125.718 mm 中输入数值，设置对象的位置。

（2）除上述的方法外，还可选择"对象→变换→位置"命令，打开位置泊坞窗，如图 4-51 所示，设置完后单击"应用"按钮，调整选中图形的位置。

（3）选择"对象→变换→位置大小"命令，打开大小泊坞窗，如图 4-52 所示，设置完后单击"应用"按钮，调整选中图形的大小。

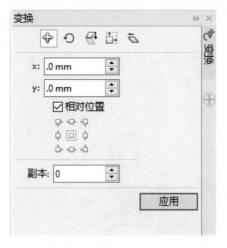

图 4-51　位置泊坞窗

图 4-52　大小泊坞窗

任务七　对象的修整

任务概述

本任务主要介绍 CorelDRAW 中对对象焊接、相交、修剪等造型的方法。

学习目标

掌握对象的焊接、相交、修剪等造型方法。

一、焊接与相交图形对象

1．焊接图形对象

"焊接"命令用于将两个或多个重叠或分离的对象结合在一起，如果焊接对象重叠，焊接后对象具有单一轮廓；如果焊接对象不重叠，焊接后形成一个焊接群组，作为一个独立对象进行各种操作。

（1）选中所绘制的一个图形对象，如图 4-53 所示。

（2）执行"对象→造型→造型"命令，弹出如图 4-54 所示的"造型"泊坞窗，在下拉列表中选择"焊接"选项。

（3）单击泊坞窗中的"焊接到"按钮后，使用鼠标单击需焊接的物体对象，图形将焊接成为一个图形，如图 4-55 所示。

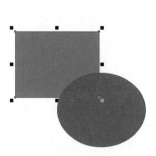
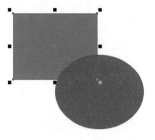

图 4-53　选中图形对象 1　　　　　图 4-54　"焊接"泊坞窗　　　　图 4-55　焊接图形对象效果

提示："造型"泊坞窗中的"来源对象"指的为先选择的对象，而"目标对象"则是指后选择的对象，即需与"来源对象"运算的对象。如选中"来源对象"的复选框可以保留一个选取对象的拷贝；选中"目标对象"复选框可以保留一个目标对象的拷贝。

2. 相交图形对象

使用"相交"命令，可以将两个或多个重叠对象的交集部分，创建成一个新对象，该对象的填充和轮廓属性以指定作为目标对象的属性为依据。

（1）选中所绘制的一个图形对象，如图 4-56 所示。

（2）选择"对象→造型→造型"命令，弹出如图 4-57 所示的"造型"泊坞窗，在下拉列表中选择"相交"选项。

（3）单击泊坞窗中的"相交到"按钮后，使用鼠标单击指定的目标对象即可创建相交对象，效果如图 4-58 所示。

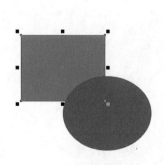

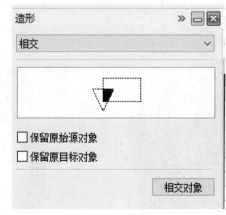

图 4-56　选中图形对象 2　　　　　图 4-57　"相交"泊坞窗　　　　图 4-58　相交图形效果

二、对图形应用修剪操作

使用"修剪"命令可以将目标对象与其他对象重叠的区域从目标对象中剪掉。在该命令中，"来源对象"为被剪对象，而"目标对象"为保留对象。

（1）选中要修剪的图形对象，如图 4-59 所示。

（2）选择"对象→造型→造型"命令，弹出如图 4-60 所示的"造型"泊坞窗，在下拉列表中选择"修剪”选项。

（3）单击泊坞窗中的"修剪到"按钮后，使用鼠标单击要修剪的目标对象即可，如图4-61所示。

提示："简化"、"前减后"、"后减前"都为修剪命令的衍生。简化操作可以剪去后面图形对象与前面图形对象的重叠的部分，并保留前、后的图形对象。"前减后"操作可以同时减去后面及前、后图形对象重叠的部分；"后减前"命令可以同时减去前面及前、后图形对象相重叠的部分。

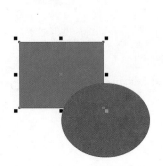  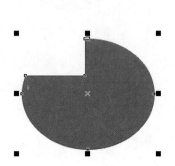

图 4-59　选中图形对象 3　　　图 4-60　"修剪"泊坞窗　　　图 4-61　修剪图形效果

三、获取对象"边界"

执行"边界"命令后，可以自动在图层上的选定对象周围创建路径，从而创建边界。

（1）选中一个图形，点击"对象→造型→边界"命令，可以看到对象的周围将出现一个与外轮廓形状相似的图形，如图4-62所示。

（2）可对生成的轮廓颜色、大小、宽度等进行单独的设置，如图4-63所示。

图 4-62　执行"边界"命令后的图形　　　图 4-63　轮廓属性的调整后的图形

项目五

直线和曲线的绘制

<h1 style="text-align:center">任务一　手绘工具组的使用</h1>

> **任务概述**

本任务主要介绍在 CorelDRAW 中如何使用手绘工具组绘制线条和基本的图形。

> **学习目标**

掌握手绘工具组中每种工具的功能及使用方法。

图 5-1　手绘工具组

在 CorelDRAW 中，用户可以绘制各种各样的线条。用于绘制线条的工具位于工具箱中的手绘工具组中，如图 5-1 所示。

一、手绘工具

1. 使用手绘工具绘制线段

（1）选择工具箱中的手绘工具，在所绘线段的起始位置和终点位置各单击一下，即可在两点间绘制出一条线段，如图 5-2 所示。利用类似的方法可绘制折线，如图 5-3 所示。

（2）如需绘制封闭的图形，只需将终点与起点重合，如图 5-4 所示。

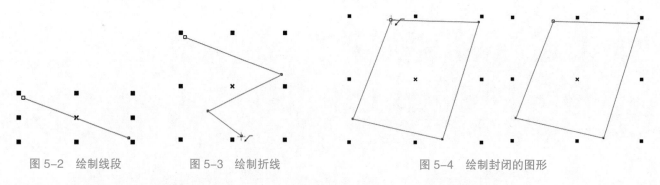

图 5-2　绘制线段　　　　图 5-3　绘制折线　　　　图 5-4　绘制封闭的图形

2. 使用手绘工具绘制曲线

（1）使用手绘工具，在起始处按下鼠标并随意拖动，当松开鼠标后，绘图区上就会出现一条任意形状的曲线，如图 5-5 所示。

（2）绘制曲线时，如终点与起始点重合，即可绘制封闭的曲线图形，如图 5-6 所示。

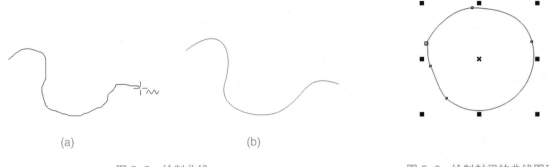

图 5-5　绘制曲线　　　　　　　　　　图 5-6　绘制封闭的曲线图形

二、贝塞尔工具

1．使用贝塞尔工具绘制线段

（1）在工具箱中选择贝塞尔工具 ，在绘图区域的任意位置单击鼠标确定线段起始位置，在另一位置再次单击鼠标，即可完成线段的绘制。

（2）在绘图区域连续单击鼠标确定线段端点，即可完成线段或折线的绘制，如图 5-7 所示。

2．使用贝塞尔工具绘制曲线

（1）在页面的适当位置单击鼠标，确定曲线的起点，在合适位置再单击鼠标，然后按住鼠标拖动，将显示一根带有一个节点和两个控制点的虚线调节杆，绘制贝塞尔曲线如图 5-8 所示。

（2）可单击绘图区的其他位置来定义下一个节点，通过调节新显示的虚线调节杆将原有的曲线加长并变形，如图 5-9 所示。

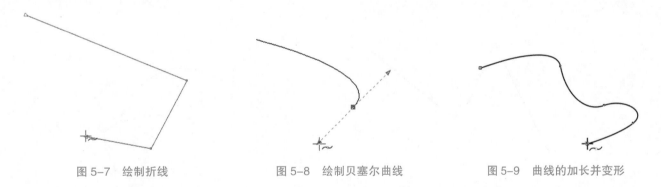

图 5-7　绘制折线　　　　　　　图 5-8　绘制贝塞尔曲线　　　　　　图 5-9　曲线的加长并变形

（3）如需闭合曲线，用鼠标单击该曲线的起点，图形的起点和终点就会自动连接起来，成为一条封闭的曲线，如图 5-10 所示。

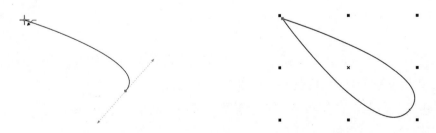

图 5-10　绘制封闭的图形

三、钢笔工具

1．使用钢笔工具绘制线段

在工具箱中选择钢笔工具 ，在绘图区域的任意位置单击鼠标确定线段起始位置，将显示一条预览线，在另一位置再次单击鼠标，即可完成线段的绘制，如图 5-11 所示。绘制折线的方法与用贝塞尔工具绘制折线的方法相同。

2．使用钢笔工具绘制曲线

在所要绘制曲线的开始位置单击，然后拖曳鼠标，即可绘制曲线，如图 5-12 所示。

图 5-11　钢笔工具绘制线段　　　图 5-12　钢笔工具绘制曲线

四、折线工具

（1）在工具箱中选中折线工具 ，若要使用折线工具绘制直线段，则在要开始绘制线段的位置单击，然后在要结束线段的位置双击，如图 5-13 所示。

（2）若要绘制曲线段，则在要开始绘制曲线段的位置单击，并在绘图页面中拖曳鼠标，如图 5-14 所示。

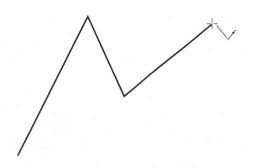　　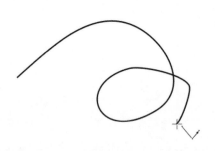

图 5-13　折线工具绘制直线段　　　图 5-14　折线工具绘制曲线段

五、三点曲线工具

（1）选择工具箱中的三点曲线工具 ，在要开始绘制曲线的位置单击，然后将鼠标拖曳至要结束的位置，释放鼠标，再单击曲线中"点位置"，如图 5-15 所示。

（2）在三点曲线工具的属性栏中单击"轮廓宽度"按钮，选择合适的轮廓尺寸，在"轮廓样式选择器"列表中选择轮廓线的类型，如图 5-16 所示。

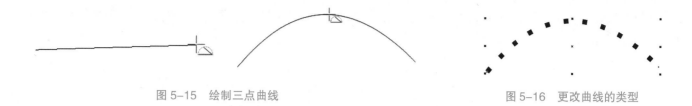

图 5-15　绘制三点曲线　　　　　　　　　　　　图 5-16　更改曲线的类型

六、2 点线工具

使用 2 点线工具可以方便、快捷地绘制出直线段，在绘图时非常常用。

1. 使用 2 点线工具绘制直线

选择工具箱中的"2 点线工具"按钮，在页面按住鼠标左键并拖动至合适的角度及位置后释放鼠标即可，如图 5-17 所示。

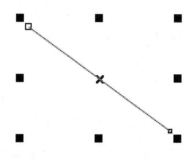

图 5-17　"2 点线工具"绘制直线段

提示：在绘制时按住 Ctrl 键，可将线条角度限制为 15° 的倍数。

2. 使用 2 点线工具绘制垂直线

（1）选择工具箱中的"2 点线工具"按钮，绘制一条直线，如图 5-18 所示。

（2）在属性栏中点击"垂直 2 点线"按钮，并将光标移动到之前绘制的直线上，按下鼠标左键向外拖动，可以看到绘制的线段与之前的直线相垂直，如图 5-19 所示。

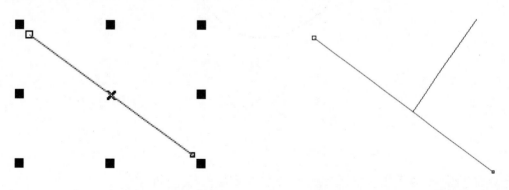

图 5-18　用"2 点线工具"绘制一条直线　　　　图 5-19　用"2 点线工具"绘制垂线

3. 使用 2 点线工具绘制切线

（1）使用椭圆形工具在画面中绘制一个椭圆，如图 5-20 所示。

（2）选中工具箱中的"2点线工具"按钮，在属性栏中点击"相切的2点线"按钮 ⊙，单击椭圆的边缘，然后拖动到要结束切线的位置，如图 5-21 所示。

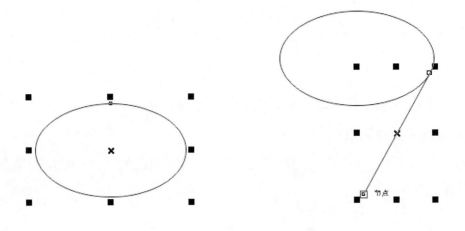

图 5-20　绘制一个椭圆　　　　　图 5-21　给所绘制的椭圆绘制切线

七、B 样条工具

B 样条工具能够通过定位控制点的方式来绘制曲线，而不需要分成若干线段来绘制，所以多用于较为圆润的图形，以达到理想的效果。

点击工具箱中的"B 样条工具"按钮 ，将光标移至工作区中，按下鼠标左键并拖动，即可绘制曲线，如图 5-22 所示。

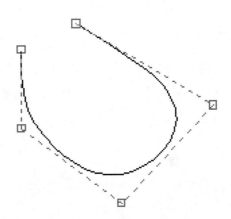

图 5-22　"B 样条工具"绘制曲线

八、智能绘图

使用智能绘图工具绘制图形时，能将其转化为轮廓平滑度较高的图形。

（1）点击工具箱中的"智能绘图工具"按钮 ，根据需求在属性栏中分别设置"形状识别等级" 形状识别等级: 中 ˅ 、"智能平滑等级" 智能平滑等级: 高 ˅ 和"轮廓线宽度"，然后按住鼠标左键在页面绘制所需图形。

（2）绘制完成后释放鼠标，系统自动将其转换为基本形状或平滑曲线，效果如图5-23所示。

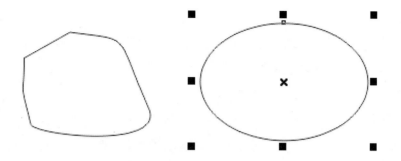

图5-23 使用"智能绘图工具"绘制曲线

任务二 节点的控制变换

> **任务概述**

本任务主要介绍CorelDRAW中形状工具的使用方法、对曲线的编辑（增加节点、曲线连接分割等）。

> **学习目标**

掌握对曲线的编辑（增加节点、曲线连接分割）的方法；了解编辑曲线节点时属性栏的相关设置（节点属性的转换）。

仅仅使用手绘工具组绘图是不够准确的，这时需要运用形状工具 对图形的节点进行添加、删除、尖突、伸缩等操作，通过节点的编辑可以使图形达到满意的效果。

提示：使用手绘工具组绘制图形，图形的节点越少越好，如图5-24所示，节点越多图形反而将越不平滑，且一般是在形状变化较大的位置设置节点，如图5-25所示。

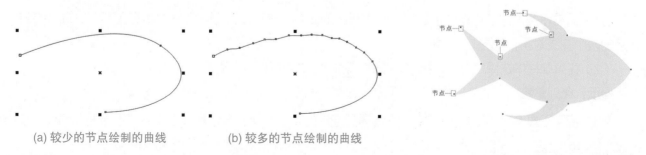

(a) 较少的节点绘制的曲线　　(b) 较多的节点绘制的曲线

图5-24 节点数量对曲线图形的影响　　　　　图5-25 节点出现在形状转变较大的位置

一、添加和删除节点

1．添加节点

（1）使用工具箱中的形状工具 ，选取图形，图形上出现节点，如图 5-26 所示。

（2）为图形添加节点一共有如下四种方法。

① 移动鼠标指针到图形边框的适当位置并双击。

② 使用形状工具在需添加节点处单击，点击属性栏中的"添加节点"按钮 。

③ 使用形状工具在需添加节点处单击鼠标右键，在弹出的菜单中选择"添加"命令，如图 5-27 所示。

④ 使用形状工具选择一个节点，点击键盘上的"+"键。

图 5-26　使用形状工具选取图形　　　　图 5-27　添加节点

2．删除节点

删除节点有如下四种方法。

① 使用鼠标双击节点。

② 使用形状工具选中需删除的节点，再单击属性栏中的"删除节点"按钮 。

③ 使用形状工具选中需删除的节点，单击鼠标右键，在弹出的菜单中选择"删除"命令。

④ 使用形状工具选中需删除的节点，点击键盘上的"－"键。

二、连接和分割曲线

1．连接曲线

（1）如需将两个曲线对象连接起来并形成封闭的曲线，先在工具箱中选择"挑选工具"，选取需进行连接的两个曲线对象，如图 5-28 所示。

（2）在菜单栏中选择"排列→结合"命令，将两个对象变为一个对象。

提示：此处是执行"结合"命令，而不是"群组"命令。

（3）使用工具箱中的形状工具 ，框选需要连接的两个节点，单击属性栏中的"连接两个节点"按钮 ，两个节点闭合为一个节点，如图 5-29 所示。

（4）用同样的方法将另外一端的两个节点闭合，使其成为一个封闭的曲线，最后为该对象填充颜色，效果如图 5-30 所示。

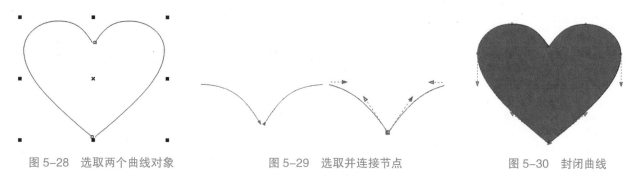

图 5-28　选取两个曲线对象　　　　图 5-29　选取并连接节点　　　　图 5-30　封闭曲线

提示：在 CorelDRAW 中一般须是封闭的图形对象才能填充颜色。

2．分割曲线

（1）使用工具箱中的形状工具，选取需要分割的节点，如图 5-31 所示。

（2）在属性栏中单击"分割曲线"按钮，此时图形变为不闭合曲线，填充消失，效果如图 5-32 所示。

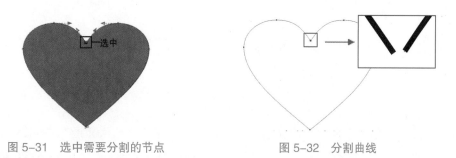

图 5-31　选中需要分割的节点　　　　图 5-32　分割曲线

三、直线与曲线的相互转换

1．将直线转换为曲线

（1）使用形状工具在直线上单击，如图 5-33 所示，然后单击属性栏中的"转换直线为曲线"按钮，将直线转换为曲线。

（2）使用形状工具调整控制轴，效果如图 5-34 所示。

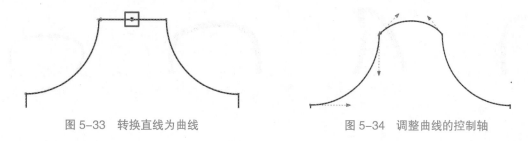

图 5-33　转换直线为曲线　　　　图 5-34　调整曲线的控制轴

2．将曲线转换为直线

使用形状工具在曲线上单击，然后单击属性栏中的"转换曲线为直线"按钮，将曲线转换为直线，如图 5-35 所示。

提示：在绘图时，如由于电脑显示原因导致节点或控制轴看不见，可按刷新的快捷键"Ctrl+W"。

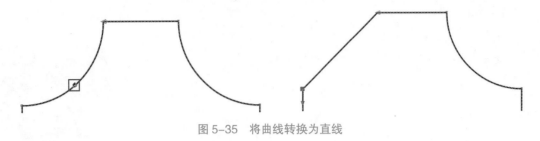

图 5-35　将曲线转换为直线

四、节点的平滑与尖突

CorelDRAW 为用户提供了三种节点编辑形式：尖突、平滑、对称。这三种节点可以相互转换，实现曲线的各种变化。

1. 尖突

（1）使用形状工具 选取一个控制节点，如图 5-36 所示，单击属性栏上的"使节点成为尖突"按钮 。

（2）节点两端的控制轴变为相互独立的控制轴，可以单独调节节点两边的线段长度和弧度，如图 5-37 所示。

2. 平滑

（1）使用形状工具 选取一个控制节点，单击属性栏上的"使节点成为平滑"按钮 。

（2）节点两端的控制轴始终为同一直线，改变其中一端控制轴的方向时，另一端的方向也会相应发生变化，但两个控制轴的长度可以进行独立的调节，如图 5-38 所示。

3. 对称

（1）使用形状工具 选取一个控制节点，单击属性栏上的"使节点成为对称"按钮 。

（2）节点两端的控制轴始终为同一直线，改变其中一端控制轴的方向和长度时，另一端的方向和长度也会相应发生变化，如图 5-39 所示。

图 5-36　选取控制节点　　图 5-37　将节点转换为尖突　　图 5-38　将节点转换为平滑　　图 5-39　将节点转换为平滑并对称

五、平滑工具

平滑工具 可以将边缘粗糙的矢量对象变得更加光滑。选择一个矢量对象，选择工具箱中平滑工具，可在属性栏中对该工具进行笔尖半径以及平滑速度的设置 ⊖ 20.0 mm ♦ 20 + ♦ ，使用时在需要平滑的边缘涂抹，随着涂抹，该轮廓会变得光滑，如图 5-40 所示。

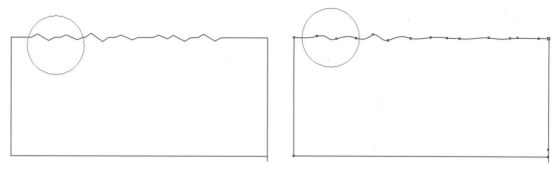

图 5-40　平滑工具处理前后对比

六、涂抹工具

涂抹工具通过拖动来调整图像边框的形状，选择工具箱中的 涂抹工具，在属性栏中对其半径 8.0 mm、压力 0、平滑涂抹 45.0° 和尖状涂抹 .0° 进行设置，使用时在对象的边缘按住鼠标左键并拖动，达到效果时松开鼠标即可，如图 5-41 所示。

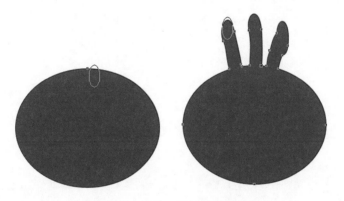

图 5-41　涂抹工具处理后的效果

七、排斥工具

排斥工具通过排斥节点的位置改变对象的形状。单击"排斥工具"按钮 ，在属性栏中可对笔尖大小、速度进行设置 5.0 mm 20 ，设置完成后，将鼠标放在要调整对象的节点上，按住鼠标左键，按的时间越长，节点越远离光标，如图 5-42 所示。

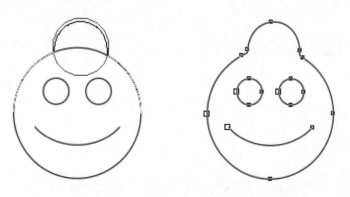

图 5-42　排斥工具处理后的效果

八、吸引工具

吸引工具通过吸引节点的位置改变对象形状。单击"吸引工具"按钮 ，在属性栏中可以对笔尖大小、速度进行设置 ⊙ 5.0 mm ↕ ⊘ 20 ↕ ✎ 。设置完毕后将圆形光标放在要调整对象的节点上，按住鼠标左键不放，按住时间越长，节点越靠近光标，如图 5-43 所示。

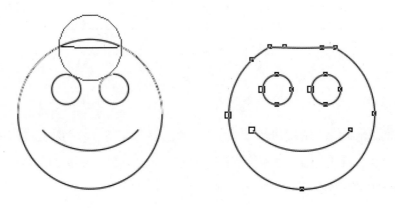

图 5-43 吸引工具处理后的效果

任务三 使用度量工具标注图形尺寸

> **任务概述**

本任务主要介绍在 CoreIDRAW 中如何使用交互式度量工具标注图形尺寸。

> **学习目标**

掌握使用度量工具标注图形尺寸的方法。

利用交互式度量工具 可以测量图形的长度、高度、宽度和角度等，使用户绘制平面建筑图的操作变得简单、方便。

一、度量对象的高和宽

1. 平行度量工具

（1）选择工具箱中的"平行度量"工具 ，移动鼠标到所需度量对象的左下端点上，单击鼠标左键并向右上端点拖动鼠标，如图 5-44 所示。

（2）捕捉到右上端点时单击鼠标，然后向右下方拖动，到合适的位置再释放鼠标，如图 5-45 所示。

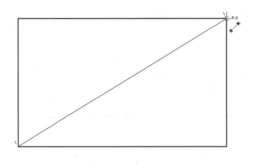

图 5-44　单击并拖曳鼠标以倾斜度量

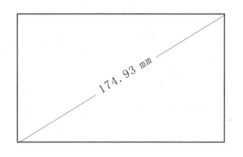

图 5-45　倾斜度量

提示：平行度量工具可以度量有斜度的任意图形。

2．水平或垂直度量工具

"水平或垂直度量"工具 ![icon]，可度量对象的水平或垂直尺寸，无论度量时所确定的度量点的位置如何，使用方法同理"平行度量工具"。

3．线段度量

（1）选择工具箱中的"线段度量"工具 ![icon]，移动鼠标到所需度量对象的左端点上，单击鼠标左键并向右端点拖动鼠标，如图 5-46 所示。

（2）捕捉到右端点时单击鼠标，然后向下拖动，到合适的位置再释放鼠标，如图 5-47 所示。

图 5-46　单击并拖曳鼠标以度量宽度

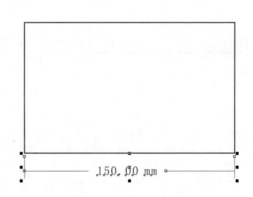

图 5-47　度量图形的宽度

提示：按住 Tab 键，可在几个度量工具中进行相互的切换。

二、角度度量

（1）选择工具箱中的度量工具 ![icon]，并在属性栏中选择角度度量工具 ![icon]。

（2）移动鼠标指针到要测量的图形顶点上，单击鼠标，接着拖曳鼠标到该角的一边上单击，如图 5-48 所示。

（3）移动鼠标指针到该角另一边上的适当位置并单击，接着再移动鼠标到适当位置，再次单击鼠标以确定标注文字的摆放位置，如图 5-49 所示。

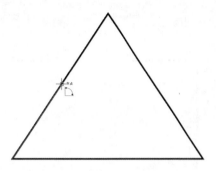

图 5-48　单击并拖曳鼠标以测量图像角度　　　　图 5-49　度量角度

三、对象的标注

（1）选择工具箱中的度量工具 ，并在其属性栏中选择标注工具 。

（2）移动鼠标指针到要标注的图形上，单击鼠标左键，接着移动鼠标到合适的位置并点击鼠标左键，如图 5-50 所示。

（3）移动鼠标到另一位置并单击鼠标左键，在闪烁的光标后输入文本，如图 5-51 所示。

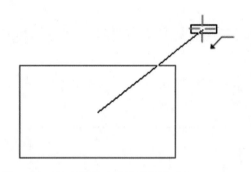

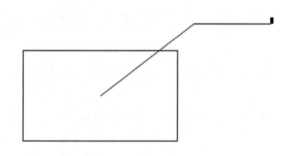

图 5-50　单击并移动鼠标以标注对象　　　　　图 5-51　输入需标注的文本

任务四　连接器工具

> **任务概述**

　　本部分主要介绍了 CorelDRAW 中如何使用连接器工具来连接两个图形对象。

> **学习目标**

　　掌握连接器工具的使用方法。

利用连接器工具组可以将两个图形对象（包括图形、曲线、美术字文本等）通过连接锚点的方式用线连接起来，主要用于流程图的连接。该工具组主要包括有直线连接器工具、直角连接器工具、直角圆形连接器工具和编辑锚点工具。

一、直线连接器工具

该工具可以将两个对象以直线的方式连接在一起，移动其中一个对象，连线的长度和角度会发生变化，但连接额关系将始终保持不变。

（1）点击工具箱中的"直线连接器工具" ，在需连接的对象上端单击鼠标，选择线段的起点，然后按住鼠标左键拖动鼠标，至终点对象上端，松开鼠标，如图 5-52 所示。

（2）可用工具箱中的"形状工具"选中线段上的节点，对其进行编辑与修改。

（3）如需删除该连接线，只需按 Delete 即可。

二、直角连接器工具

使用直角连接器工具 连接对象时，连线将自动形成折线，点击工具箱中的"直角连接工具"，选择连接的起点，然后按住鼠标左键拖动鼠标，至终点对象上端，松开鼠标，直角效果如图 5-53 所示。

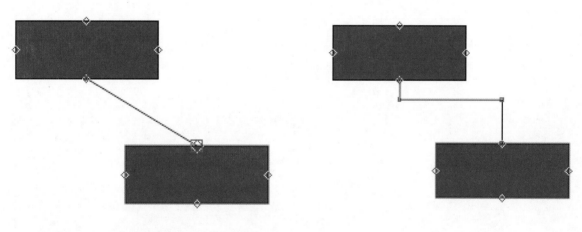

图 5-52　用直线连接器工具连接对象　　　　图 5-53　直角效果

三、直角圆形连接器工具

直角圆形连接器工具 的使用方法与直角连接器工具相似，不同之处是利用直角圆形连接器工具绘制的连线是圆形角，效果如图 5-54 所示。

四、编辑锚点工具

锚点是使用连接器工具时，对象周围出现的多个红色的菱形块，编辑锚点工具 就是用于移动、旋转、删除这些锚点的，当选中锚点时，其会变为 ◆ 形状，如图 5-55 所示。这时按住并拖动鼠标可对其进行编辑与修改。如果锚点数量不够，在所选位置上双击即可增加锚点，如果要删除锚点，点击属性栏上的"删除

锚点" 按钮即可。

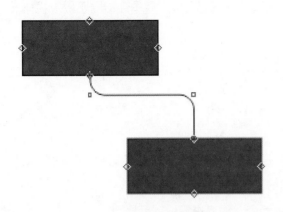

图 5-54　直角圆形连接器工具处理圆形角效果

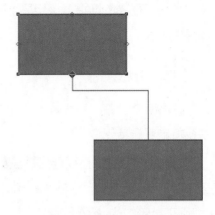

图 5-55　用编辑锚点工具选中锚点

CorelDRAW Jisuanji Fuzhu Sheji

项目六

图形颜色的填充
和轮廓线的设置

任务一 填充工具组和调色板的运用

> **任务概述**

本任务主要介绍 CorelDRAW 中填色工具和调色板的运用方法。

> **学习目标**

掌握使用颜色滴管工具复制图形颜色的方法；掌握使用属性滴管工具复制图形属性的方法；了解应用调色板着色的方法。

一、使用滴管工具复制图形颜色

1. 滴管工具

（1）选择工具箱中的颜色滴管工具 ￼ 。

（2）在绘图页面需要吸取颜色的位置单击鼠标，在窗口右下角的状态栏中将显示该颜色参数，如图 6-1 所示。

（3）在另一对象上单击，如图 6-2 所示，其将会复制该颜色，效果如图 6-3 所示。

图 6-1　吸取并查看颜色参数　　　　图 6-2　单击需填充颜色的对象　　　　图 6-3　填充颜色

2. 属性滴管工具

（1）若要复制对象的属性，先选中该对象，再选择工具箱中的属性滴管工具 ￼ 。

（2）在滴管工具属性栏可与颜料桶工具进行相互的切换，也可分别设置"属性"、"变换"、"效果"下拉菜单，如图 6-4 所示。

图 6-4 设置滴管工具的"属性"、"变换"、"效果"下拉菜单

（3）选中颜料桶属性滴管工具，在另一对象上单击，如图 6-5 所示，其将会复制该对象的属性，效果如图 6-6 所示。

图 6-5 单击需复制该属性的对象 　　　　　　　　图 6-6 复制对象属性的效果

提示：滴管工具和颜料桶工具之间的相互切换按 Shift 键。

3．右键拖曳来复制图形颜色

（1）右键拖曳取样图形至需要填充的图形对象上，然后释放鼠标，将弹出快捷菜单，如图 6-7 所示。

（2）在该菜单中选择"复制填充"选项，即可复制图形对象的颜色，如图 6-8 所示。同理，还可以复制对象的轮廓及属性。

图 6-7 拖曳对象至需要复制填充的对象上 　　　　图 6-8 复制填充

二、应用调色板着色

1．填充颜色和轮廓颜色

（1）使用挑选工具 选中需要填充的图形对象，如图 6-9 所示。

（2）若要为图形对象填充红色，则左键单击调色板中的红色色块，如图 6-10 所示。

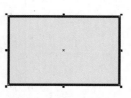

图 6-9 选中对象

（3）若要为图形对象的轮廓填充绿色，则右键单击调色板中的绿色色块，如图 6-11 所示。

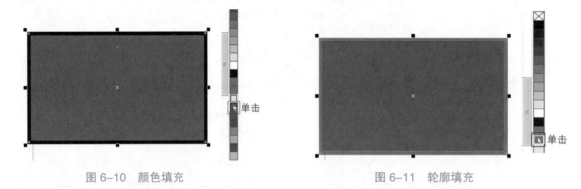

图 6-10　颜色填充　　　　　　　　　　　　　　图 6-11　轮廓填充

注意：左键为填充，右键为轮廓。

2．在颜色挑选器中选择颜色

（1）选中需要填充的图形对象。

（2）单击调色板中的色样并按住鼠标左键不放，将弹出颜色挑选器，如图 6-12 所示，即可从一种颜色的不同纯度中选择。

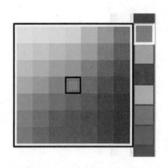

图 6-12　颜色挑选器

3．取消颜色或轮廓填充

（1）选取对象，若要取消对象的颜色填充，左键单击调色板顶端的叉 ⊠。

（2）若要取消对象的轮廓填充，右键单击调色板顶端的叉 ⊠。

4．均匀混合颜色填充

（1）选中一个已填充的图形对象，如图 6-13 所示。

（2）按住 Ctrl 键的同时左键单击调色板上的另一种颜色，即可均匀混合填充所选中的颜色，如图 6-14 所示。

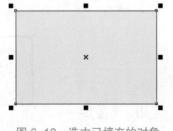
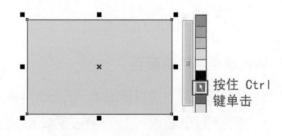

图 6-13　选中已填充的对象　　　　　　　　　　图 6-14　均匀混合填充

任务二 设置颜色填充

> **任务概述**

本任务主要介绍 CorelDRAW 中图形对象的颜色填充、渐变填充、纹理填充、图案填充及 Postscript 填充。

> **学习目标**

应用简单的实色和渐变填充；掌握为图形对象添加图案和纹理填充效果的方法；掌握应用 Postscript 填充的方法。

一、标准填充

1. 模型选项卡

（1）使用挑选工具选中需要填色的图形对象，双击窗口右侧底部的填充按钮 ⬛ 🔷✕无 ，打开"编辑填充"对话框，选择"均匀填充"如图 6-15 所示。

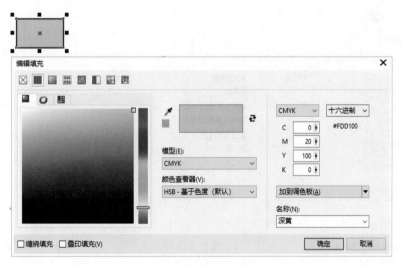

图 6-15 对象的均匀填充

（2）在颜色值中设置颜色值为 C0、M20、Y100、K0，设置完成后单击"确定"按钮，为选中的图形对象添加颜色，如图 6-16 所示。

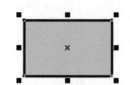

图 6-16　为图形对象添加颜色填充

2. 混合器选项卡

（1）在"编辑填充"对话框上，选择"均匀填充"选项，单击"混合器"选项卡，如图 6-17 所示。

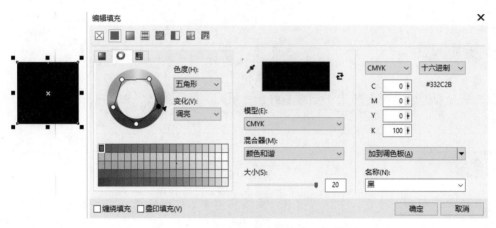

图 6-17　在"混合器"选项卡中选择色块

（2）在该选项卡中选择需要填充的颜色色块，设置完成后单击"确定"按钮，为图形填充颜色。

二、渐变填充

1. 渐变填充的类型

（1）使用挑选工具选中需要填色的图形对象，双击窗口右侧底部的填充按钮，打开"编辑填充"对话框，选择"渐变填充"按钮　，如图 6-18 所示。

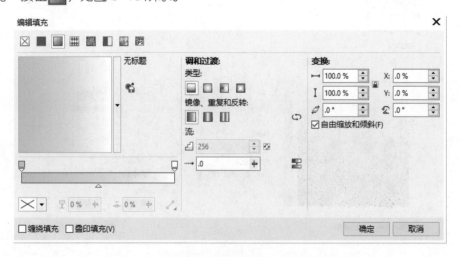

图 6-18　"渐变填充"对话框

（2）打开"渐变填充"对话框，在"类型"中可选择所需的渐变类型，在 CorelDRAW 中一共有线性、射线、圆锥、方角四种渐变填充类型，如图 6-19 所示。

图 6-19　渐变填充的类型

2. "中心位移"选区

在 "中心位移" 选区中，通过调节 "水平" 和 "垂直" 参数框中的数值，可以设置射线、圆锥或方角填充的中心在水平和垂直方向上的位置，如图 6-20 所示。

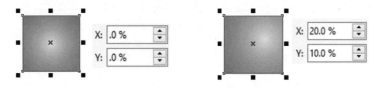

图 6-20　"中心位移"选区

3. "角度"参数框

通过调节 "角度" 参数框中的数值，可以设置线型、圆锥或方角渐变填充的角度，其中输入正值可按逆时针旋转，键入负值可按顺时针旋转，如图 6-21 所示。

图 6-21　"角度"参数框

4. "步长值"参数框

单击 "步长值" 参数框旁的设置为默认值按钮，使其呈打开状态，可以设置步长值。增加步长值可以使色调更平滑、调和，但会延长打印时间；减少步长值可以提高打印速度，但会使色调变得粗糙，如图 6-22 所示。

图 6-22　"步长值"参数框

5. 渐变编辑

（1）选中色条上端的正方形方块，可在该色块的下端对颜色进行调节，如图 6-23 所示。

（2）拖动轴中间的小三角形，可设置所选两种颜色的汇聚点的位置，如图 6-24 所示。

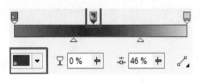

图 6-23　颜色的更改

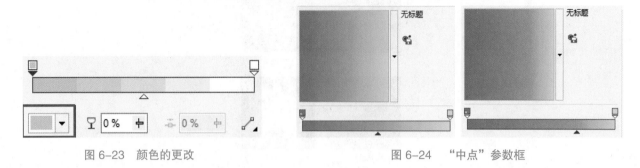

图 6-24　"中点"参数框

6. 自定义渐变

自定义渐变填充可以将两种以上的颜色添加到渐变填充中。

图 6-25　添加颜色

（1）使用鼠标在色条中的任一位置双击，设定需要添加中间颜色的位置，然后在左下方的色块中选择需要的中间颜色，即可将所选颜色添加到色谱标尺的指定位置，如图 6-25 所示。

（2）若要将该色块删除，只需左键双击该色块即可。

三、纹理填充

1. 双色填充

（1）使用挑选工具选中需要填色的图形对象，双击窗口右侧底部的填充按钮，打开"编辑填充"对话框，选择"双色图样填充"按钮 ▮。

（2）可在右边的下拉列表中选择色块来设置双色填充的颜色，设置完成后单击"确定"按钮，为图形应用双色填充效果，如图 6-26 所示。

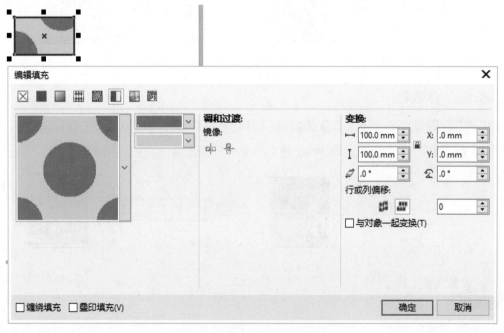

图 6-26　设置并应用双色图样填充

2．向量图样填充

（1）若要为图形应用向量图样填充，则点击向量图样填充按钮 ，在其右侧的下拉列表中选择需要的图样。

（2）设置完成后单击"确定"按钮即可，如图 6-27 所示。

图 6-27　全色图样填充

3．位图图样填充

（1）若要为图形应用位图图样填充，则点击"位图图样"按钮 ，在其右侧的下拉列表中选择需要的图样。

（2）设置完成后单击"确定"按钮即可，如图 6-28 所示。

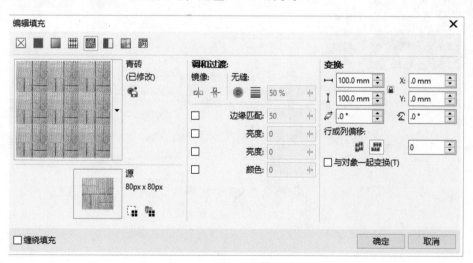

图 6-28　位图图样填充

四、底纹填充

（1）若要为图形应用底纹填充，则点击"底纹填充"按钮 ，在其右侧的下拉列表中选择需要的图样。

（2）设置完成后单击"确定"按钮即可，如图 6-29 所示。

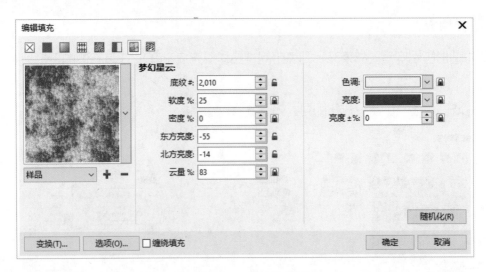

图 6-29　底纹填充

五、PostScript 填充

（1）使用挑选工具选中图形，在编辑填充对话框中点击"PostScript 填充"按钮 PS 。

（2）在其右侧的下拉列表中选择需要的纹理，如图 6-30 所示。

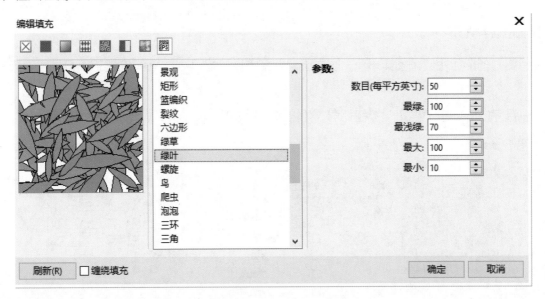

图 6-30　PostScript 填充

六、交互式填充

在交互式填充工具 的属性栏中可以找到以上填充的选项，并可对其进行编辑，如图 6-31 所示。

图 6-31　交互式填充工具属性栏

当对象被赋予填充后，使用交互式填充工具的控制杆，可以非常方便地编辑颜色、调整方向，其是一种非常方便的颜色编辑工具，具体如下。

（1）选择需填充颜色的图形，点击工具箱中的"交互式填充工具"按钮 ，单击属性栏中的"渐变填充"，选择线性渐变，如图 6-32 所示。

（2）可以通过调整渐变控制杆上的节点去调整渐变的颜色，选中节点框，单击填充色下拉按钮，即可显示编辑颜色窗口，在该窗口中选择合适的颜色，即可更改节点的颜色，如图 6-33 所示。

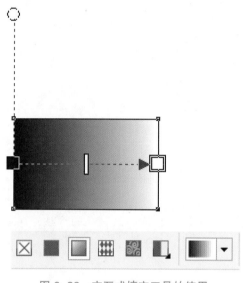

图 6-32　交互式填充工具的使用

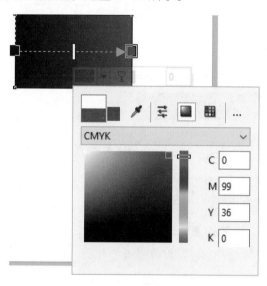

图 6-33　渐变颜色的更改

（3）拖动节点，可更改渐变的方向，如图 6-34 所示。

（4）在控制杆的空白区域双击鼠标，可以增加节点，以此来增加渐变颜色，如需删除该节点，只需双击该节点即可。

（5）调整节点的不透明度，选中节点，在其后的"透明度"数值中去调节，如图 6-35 所示。

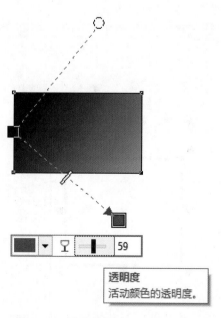

图 6-34　方向的更改

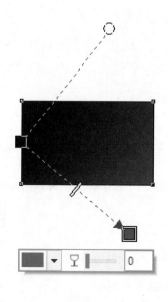

图 6-35　透明度的更改

任务三 设置图形的轮廓线

> **任务概述**

本任务主要介绍 CorelDRAW 中图形轮廓线的设置方法。

> **学习目标**

掌握设置轮廓线宽度的方法；掌握设置轮廓线线型的方法；掌握设置轮廓线颜色的方法；掌握在轮廓线中添加箭头的方法。

一、设置轮廓线的宽度

1．通过"轮廓笔"对话框设置

（1）使用挑选工具选中需要设置轮廓线宽度的对象，点击窗口右下部的轮廓属性按钮 C: 0 M: 0 Y: 0 K: 100 .200 mm，会弹出"轮廓笔"对话框。

（2）在"宽度"中输入参数来设置轮廓线的宽度，设置完成后按确定，即可完成设置，如图 6-36 所示。

2．通过属性栏设置

选中图形，单击其属性栏中的"选择轮廓宽度或键入新宽度"下拉按钮，在弹出的下拉列表中选择轮廓线的所需宽度，如图 6-37 所示。

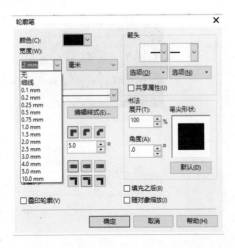

图 6-36　轮廓线宽度的设置

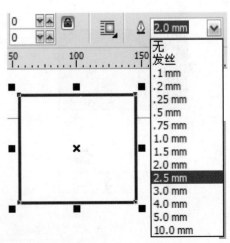

图 6-37　通过属性栏设置轮廓线的宽度

二、设置轮廓线的线型

1. 设置轮廓的样式

使用挑选工具选择需要设置的图形对象，打开"轮廓笔"对话框，在该对话框中单击"样式"下拉按钮，如图 6-38 所示，在弹出的样式中选择需要的样式选项，最终效果如图 6-39 所示。

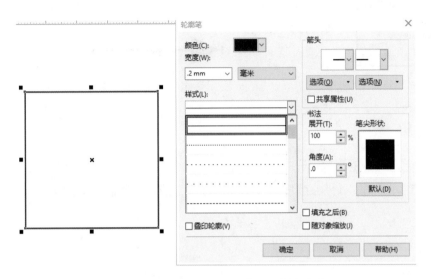
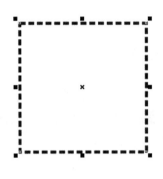

图 6-38　选中图形并设置轮廓样式　　　　　图 6-39　为图形轮廓添加样式效果

2. 角和线条端头的设置

使用挑选工具选中需设置的线段，打开"轮廓笔"对话框，可以对其中的角、线条端头、位置的属性进行修改，效果如图 6-40 所示。

图 6-40　线条端头的设置

三、在轮廓线中添加箭头

（1）使用挑选工具选中需添加箭头的线段，如图 6-41 所示。

图 6-41　选中线段

（2）打开"轮廓笔"对话框，在箭头选项区可设置开始和结束的箭头符号，如图 6-42 所示。

（3）设置完成后，单击"确定"按钮，完成在轮廓线中添加箭头，如图 6-43 所示。

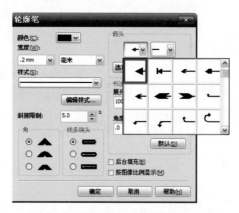

图 6-42　在轮廓线中添加箭头

图 6-43　添加箭头的效果

四、将轮廓线转化为图形对象

该命令可以将图形的外轮廓线转化为独立的带有填充并且可以进行形状编辑的面，具体操作如下：

选择对象，执行"对象→将轮廓转换为对象"命令，或按 Ctrl+Shift+Q 键，即可将轮廓转换为独立的对象，如图 6-44 所示。

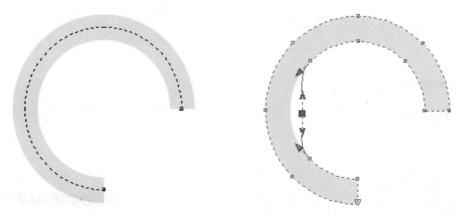

图 6-44　将轮廓转化为图形对象

CorelDRAW Jisuanji Fuzhu Sheji

项目七

文本的处理

任务一　文本的输入和导入

> **任务概述**

　　本任务主要介绍 CorelDRAW 中文字输入、导入文本的方法。

> **学习目标**

　　掌握运用文本工具输入美术字和段落字的方法；掌握美术字和段落文本的转换操作；掌握文本的导入方法。

一、输入美术字（文字）

　　（1）选择文本工具 **字**，将鼠标移动到绘图区，鼠标显示为 形状时，单击鼠标左键，然后输入文字，如图 7-1 所示。

图 7-1　输入美术字 　　　　　　　　　　　　图 7-2　整体缩放美术字

　　（2）点击挑选工具 ，拖动美术字四角的任意一个控制点，可以对文字进行整体等比例的缩放，如图 7-2 所示，拖动左右两边的控制点可以改变文字的宽度，如图 7-3 所示，拖动上下两边的控制点可以改变文字的高度，如图 7-4 所示。

图 7-3　改变文字宽度 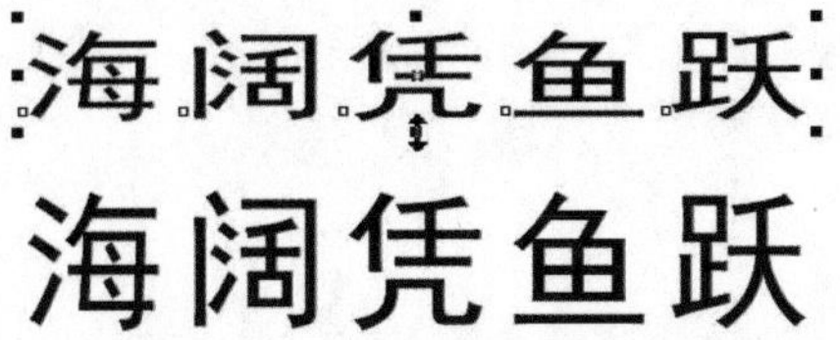　　　　　　　　　　　图 7-4　改变文字高度

　　提示：美术字比较适合用于输入标题、文字较少的单行文本等，不适合用于大段多行文字的输入。

二、输入段落文本

（1）选择文本工具 **字**，将鼠标移动到绘图区，鼠标显示为 形状时，点击鼠标左键不放拖动鼠标，创建文本框，如图 7-5 所示。

（2）在文本框中光标的位置输入文字，如图 7-6 所示。

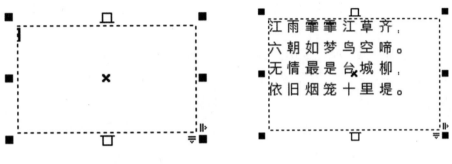

图 7-5　文本框的创建　　　　　　　　图 7-6　在文本框中输入段落文本

（3）如果输入的文本溢出了文本框，文本框下方的控制点会显示为 ，可以用鼠标左键拖动文本框上方的控制点 ，或拖动下方的控制点 ，以增加或缩短文本框的长度；拖动文本框四周的黑色控制点，也可以调整文本框大小，如图 7-7 所示。

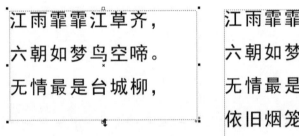

图 7-7　拖动控制点改变文本框大小

提示：（1）在输入美术字时，用鼠标拖动控制点会改变文字的大小，而拖动段落文本的文本框控制点只影响文本框大小，文字大小不变，两者有所区别。

（2）段落文本比较适合用于输入大段文字，从而很方便地控制文字的区域，进行整齐排列、字距和行距的调整，后续部分有详细阐述。

三、美术字和段落文本之间的相互转换

1．将美术字转换为段落文本

选择挑选工具 ，用鼠标右键点击已创建的美术字，弹出右键菜单，左键单击第一项"转换为段落文本"，即可将创建的美术字转换为段落文本，如图 7-8 所示。同样也可以通过在菜单栏中单击"文本→转换到段落文本"来实现此转换。

美术字转换为段落文本后，可以发现文字周围出现了文本框，文字左下角的小方块消失了，如图 7-9 所示。

图 7-8　美术字转换为段落文本

图 7-9　转换为段落文本完成后

2. 将段落文本转换为美术字

选择挑选工具 ↘，用鼠标右键点击已创建的段落文本，弹出右键菜单，左键单击第一项"转换为美术字"，即可将创建的段落文本转换为美术字，如图 7-10 所示。同样也可以通过在菜单栏中单击"文本→转换为美术字"来实现此转换。

段落文本转换为美术字后，可以发现文本框随之消失，而每个文字的左下角出现了空心的小方块，如图 7-11 所示。

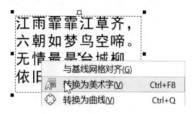

图 7-10　段落文本转换为美术字

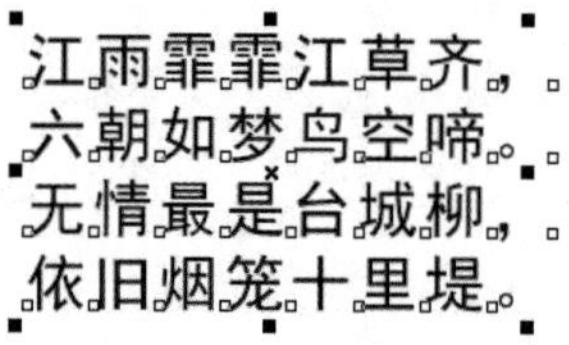

图 7-11　转换美术字完成后

提示：在将段落文本转换为美术字时，如果文本框中的文字没有全部显示，将无法进行转换操作。

四、导入文本

在菜单栏中点击"文件→导入"，将弹出"导入"对话框，如图 7-12 所示。找到需要导入的文件并点选，单击"导入"，然后弹出"导入 / 粘贴文本"对话框，进行设置，单击"确定"，此时可用鼠标左键拖动，创建文本框，释放鼠标后文本即导入成功。

五、从剪切板中获得文本

（1）打开其他文字处理软件，选取需要的文字，按"Ctrl+C"快捷键进行或用右键进行复制（也可用"Ctrl+X"快捷键进行剪切），如图 7-13 所示。

图 7-12　在导入对话框中选择文件

图 7-13　从其他文字处理软件进行复制

（2）回到CorelDRAW界面，点击"文本工具"，在绘图窗口中单击或拖动创建文本框，然后按"Ctrl+V"快捷键或点击菜单栏"编辑→粘贴"，此时会弹出"导入/粘贴文本"，如图7-14所示。

（3）在弹出的"导入/粘贴文本"对话框中根据需要进行设置，然后点击"确定"，即可完成文本导入，如图7-15所示。

图7-14　导入/粘贴文本对话框

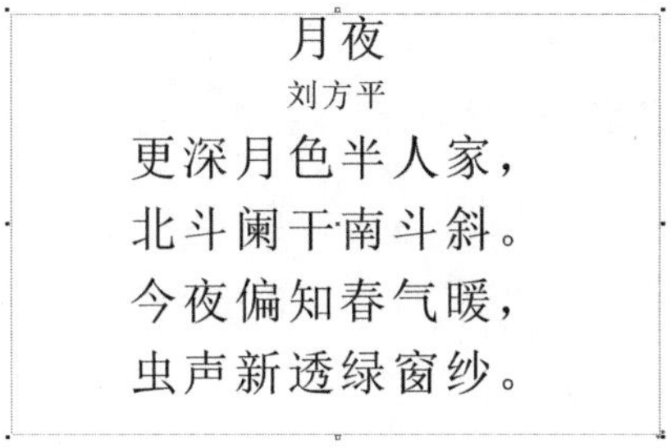

月夜

刘方平

更深月色半人家，
北斗阑干南斗斜。
今夜偏知春气暖，
虫声新透绿窗纱。

图7-15　导入文本完成

任务二　文字的基本编辑

> 任务概述

本任务主要介绍在CorelDRAW中对文字进行基本编辑。

> 学习目标

掌握文字的字体和字号设置方法，掌握文本字、行、段间距的设置方法。

一、调整文字的字体和字号

1. 选择文本

（1）选择单个文本，在工具箱中点击挑选工具 ，单击即可选中全部文本，如需选择多个文本，可在按下Shift键的同时用挑选工具加选其他文本。如果文件中只有文本，可以直接双击"挑选工具" 图标，即可选中全部文本，如图7-16所示。

（2）用选择文字的方式选取文本可单击文字工具 字，将鼠标移动到文本开头，按下鼠标左键不放，从文本开头拖动到结尾，释放鼠标可选中文本全部内容，如图7-17所示，也可用此方法选中部分文本。用文字工具点击段落文字后，使用快捷键"Ctrl+A"可快速进行文字的全选。

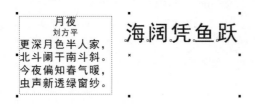

图 7-16　用挑选工具选中多个文本　　　　　图 7-17　用文本工具选中文本

2. 调整文字的字体和字号

（1）文本选中后在属性栏字体下拉列表中选择合适的字体，单击即可改变字体，如图 7-18 所示。

（2）文本选中后在属性栏字号下拉列表中选择合适的字号，单击即可改变字号，如图 7-19 所示。

图 7-18　改变字体　　　　　　　　　图 7-19　改变字号

（3）用文字工具，选中全部或部分文本，可以在选中后单击鼠标右键，在右键菜单中选择"编辑文本"，在弹出的对话框中改变文字的字体和字号。

提示：在使用 CorelDRAW 进行文本编辑时，可以选用的字体取决于系统所安装的字体，如果要使用新的字体需先获取相应的字体文件进行安装。

二、设置文本的字间距和行间距

1. 利用形状工具设置文字的字间距和行间距

（1）文字输入后，可在工具箱中选择形状工具 ，点击美术字或段落文本，这时文本的周围会出现控制点，如图 7-20 所示。

（2）将鼠标指针移动到 控制点上，按下鼠标左键不放，并左移动可缩小文本的字距，向右移动可增大文本的字间距，如图 7-21 所示。

（3）将鼠标指针移动到 控制点上，按下鼠标左键不放，并上移动可缩小文本的行距，向下移动可增大文本的行间距，如图 7-22 所示。

图 7-20　美术字控制点　　　　图 7-21　控制点改变字间距　　　　图 7-22　控制点改变行间距

2．利用文本属性设置字间距和行间距

在菜单栏点击"文本→文本属性"，找到"段落"一栏下的"字间距"和"行间距"的数值框，如图 7-23 所示，输入需要的数值即可。这种方法可以更准确地设置字间距和行间距。

图 7-23　文本属性泊坞窗

三、段落文本的对齐设置

输入段落文本后，可以根据需要进行对齐操作，属性栏有多种对齐方式可以选择。

进行对齐操作时，需先选中段落文本，再点击所需的对齐图标如图 7-24 所示，即可改变对齐方式。

设置完对齐方式后，段落文本中的标点可能会出现在段首，可以点击菜单栏"文本→断行规则"，勾选对话框最后一个选项字符溢值，如图 7-25 所示，将需要避开的标点输入，点击确定即可在段首避开这些标点符号。

图 7-24　对齐方式　　　　　　　　图 7-25　段首避开标点

四、隐藏段落文本的文本框

点击菜单栏"工具→选项"，在弹出的"选项"对话框左侧点开"文本"，点击"段落"，右边的选项中有"显示文本框"，勾选时会显示文本框，不选则隐藏文本框，如图 7-26 所示。

通过点击菜单栏"文本→段落文本框→显示文本框"，也可以控制文本框的显示和隐藏，如图 7-27 所示。

图 7-26　选项对话框隐藏文本框　　　　图 7-27　通过文本菜单隐藏文本框

五、设置字母的大小写

用挑选工具，点选需要设置大小写的文本，再点击属性栏中的"编辑文本"图标 abI，弹出编辑文本

对话框，选中需要编辑的文本，点击对话框下部的选项，在"更改大小写"的子菜单中，可选择需要的大小写样式，如图7-28所示。

六、文本转换为曲线

当完成了文字的输入和编辑之后，文字的字体还可以进行编辑修改，但每台计算机中安装的字体文件不同，有时会出现文件在别的计算机打开时，没有字体文件，提示替换字体的情况。为了避免字体发生变化，一般在文字编辑完成后，要进行转曲的操作。

用挑选工具在文本处点击鼠标右键，会弹出菜单，选择"转换为曲线"，如图7-29所示。

转曲之后的文本变成了图形，将不能进行常规的文本编辑操作。因此，在操作转曲之前应留好备份，以便需要时进行修改。

图7-28 设置字母大小写 图7-29 转换为曲线（文字转曲）

任务三 文本的高级调整

> **任务概述**

本任务主要介绍CoreIDRAW中文本的高级调整。

> **学习目标**

掌握首字下沉和项目符号的使用，掌握文本适合路径和文本链接等操作。

一、首字下沉和项目符号的使用

1．首字下沉

在菜单栏中点击"文本→首字下沉"，在弹出的"首字下沉"对话框中勾选"使用首字下沉"复选框，在"外观"区域设置"下沉行数"和"首字下沉后的空格"，设置完成后点击"确定"，如图 7-30 所示。

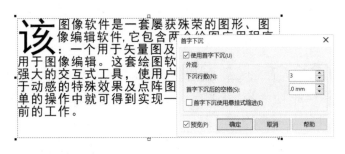

图 7-30　设置首字下沉

2．设置项目符号

首先保持文本的选中状态，然后点击"文本→项目符号"，弹出"项目符号"对话框，勾选"使用项目符号"，然后在下拉列表中选择合适的项目符号样式，如图 7-31 所示，勾选"项目符号的列表使用悬挂式缩进"，如图 7-32 所示。

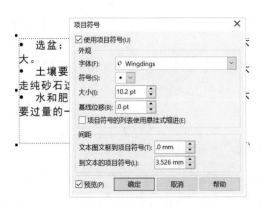

图 7-31　添加项目符号

图 7-32　项目符号的列表使用悬挂式缩进

二、使文本适合路径

1．使文本适合路径

（1）在工具箱中选择贝赛尔工具 ，在绘图窗口中绘制曲线，在工具箱中选择文字工具 **字**，在绘图窗口中输入文字，如图 7-33 所示。

（2）用挑选工具 选中文本，在菜单栏中单击"文本→使文本适合路径"，这时鼠标将变成 字 形状，在路径上选择起点位置单击，文字便会沿路径排列，拖动文字前端的菱形控制点，可在路径上移动文字，如图 7-34 所示。

图 7-33　绘制曲线并输入文字　　　　　　　图 7-34　使文本适合路径

2. 沿路径创建文本

在工具箱中选择贝赛尔工具 ，在绘图窗口中绘制曲线，然后单击文本工具 **字**，将鼠标指针移动到路径边缘，光标发生变化，如图 7-35 所示。点击鼠标，输入文字，即可使文字沿路径排列，如图 7-36 所示。

图 7-35　光标变化　　　　　　　　　图 7-36　沿路径输入文字

3. 沿圆形路径排列文本

画一个圆形，点击文本工具 **字**，鼠标移动到圆形附近，单击鼠标，输入文字，文字则在圆周上进行排列，如图 7-37。如果需要调整文字的位置，只需点击文字，用鼠标拖动文本前面的彩色小标记如图 7-38 所示，即可自由改变文字和圆形的位置关系，如图 7-39 所示。

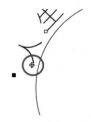

图 7-37　在圆形上输入文本　　图 7-38　文本前面的小标记　　图 7-39　改变文本位置

如果希望文字沿圆形的下半圆正向排列，如图 7-40 所示。需先将文字移动到图 7-41 所示的位置。然后点击属性栏中的上下镜像按钮 ，再点击左右镜像按钮 ，最后适当调整文字位置即可。

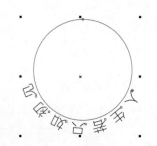

图 7-40　文本下半圆正向排列　　　　　　图 7-41　将文本移动到下半圆

三、文本的链接

1. 段落文本链接对象

（1）用文本工具 **字**，在绘图窗口中创建段落文本框，输入文字，并使文字超出文本框显示范围。

（2）在工具箱中单击圆形工具 ⊙，在绘图窗口中绘制一个椭圆形对象，如图 7-42 所示。

（3）单击挑选工具 ▶，将鼠标移动到段落文本框底部的控制点 ▼ 上并单击，鼠标指针变成 ▥，然后将鼠标指针移动到圆形对象上，鼠标变成 ➡，单击鼠标，超出部分的文本会移动到椭圆形对象中，并在两者之间会显示一个蓝色箭头表示文本流向，如图 7-43 所示。

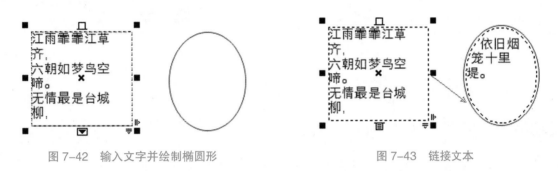

图 7-42　输入文字并绘制椭圆形　　　　　　　　　　图 7-43　链接文本

2. 段落文本链接页面

（1）用文本工具 **字**，在绘图窗口中创建段落文本框，输入文字，使文字超出文本框显示范围，并点击软件界面底部页面标签处的 🔳 图标，创建一个新页面。

（2）单击挑选工具 ▶，将鼠标移动到段落文本框底部的控制点 ▼ 上并单击，鼠标指针变成 ▥，点击新创建的"页 2"，拖出文本框，超出的文字会流向新的文本框中，如图 7-44 所示。并且原文本框会用箭头显示文字流向，如图 7-45 所示。

图 7-44　文字流向页 2　　　　　　　　　　　　图 7-45　显示文本流向

3. 取消文本链接

（1）按住 Shift 键，同时选中要移除链接的两个文本。

（2）点击菜单栏"文本→段落文本框→断开链接"，如图 7-46 所示，即可解除两者间的链接关系，如图 7-47 所示。

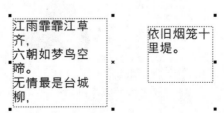

图 7-46　断开文本链接　　　　　　　　　　　　图 7-47　解除文本链接关系后

（3）执行"排列→拆分段落文本"命令，同样可以断开两个文本对象之间的链接。

四、将文本填入框架

（1）在工具箱中点击基本形状工具 ，绘制一个图形对象，如图 7-48 所示。

（2）点击文本工具 **字**，将鼠标移动到对象的轮廓线上并靠近图形内部，鼠标指针变成 I 时，单击鼠标，输入文字即可，如图 7-49 所示。

图 7-48　绘制形状　　　　　　　　　　图 7-49　将文本填入形状

五、使段落文本环绕图形

（1）点击文本工具 **字**，在绘图窗口中创建文本框，输入文字，如图 7-50 所示。

（2）在菜单栏中点击"文件"→"导入"命令，在弹出的"导入"对话框中选择需要的图片，单击"导入"按钮，将图片导入到文件中，如图 7-51 所示。

图 7-50　输入段落文本　　　　　　　　图 7-51　导入图片

（3）点击挑选工具 ，将图片拖动到文字的上方，在图片上单击鼠标右键，在弹出的右键菜单中选择"段落文本换行"命令，文字排列效果如图 7-52 所示。

（4）保持图片选取状态，在属性栏单击 、"文本换行"图标，在弹出的下拉列表中有多种样式，可以根据需要选择，如图 7-53 所示。

图 7-52　文字环绕效果　　　　　　　　图 7-53　文字环绕样式

六、查找、替换和自由编辑文本

1．查找文本

在菜单栏点击"编辑→查找和替换→查找文本"，在弹出的"查找文本"对话框中输入需要查找的文字，点击"查找下一个"，文本中符合的文字便会被选中，继续点击"查找下一个"，下一个符合的文字会被选中，直到文本末尾，如图 7-54 所示。

2．替换文本

在菜单栏点击"编辑→查找和替换→替换文本"，在弹出的"替换文本"对话框输入需要查找的文字及要替换为何文字，点击"查找下一个"，符合的文本会被选中，再点击"替换"即可将查找到的文本替换为设定的文本，继续点击"查找下一个"，再点击"替换"，可依次替换找到的文本，如需一次性替换文中所有符合的文本，可点击"替换所有"，如图 7-55 所示。

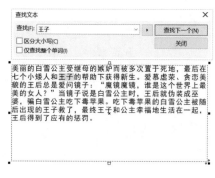

图 7-54　查找文本

图 7-55　替换文本

3．自由编辑文本

（1）美术字可用形状工具对单个文字进行多种编辑，用鼠标单击形状工具，点击文字左下角的小方块，当它变成黑色时，在属性栏中可以输入数值进行旋转、移动操作，如图 7-56 所示。还可以在调色盘点击需要的颜色，或通过填充命令实现更改颜色的操作，如图 7-57 所示。

图 7-56　对单个文字进行变换

图 7-57　更改单个文字的颜色

（2）文本分栏，可对大篇文字进行分栏处理，使用分栏命令可以为段落文本创建不同数目的等宽或不等宽的栏。保持段落文本的选择状态，执行"文本→栏"命令，在"栏数"框中输入数值，单击预览窗口就会显示分栏后的效果，如图 7-58 所示，栏间宽度可自行设置。取消"栏宽相等"选项就可设置不同栏宽，如图 7-59 所示。

图 7-58　普通分栏

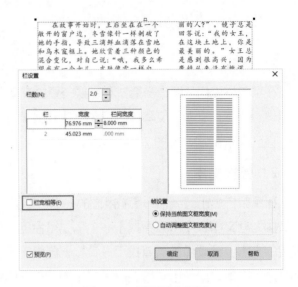

图 7-59　不同栏宽设置

七、添加特殊字符

点击"文本→插入符号字符"，在界面右侧出现特殊字符的列表，如图 7-60 所示。找到需要的字符双击鼠标，会在页面中插入该字符，如图 7-61 所示。如果要在文本中插入特殊字符，需先点击文字工具，点击要插入字符的位置，再选择对应特殊字符，双击鼠标，完成后如图 7-62 所示。

图 7-60　特殊字符列表

图 7-61　直接插入特殊字符

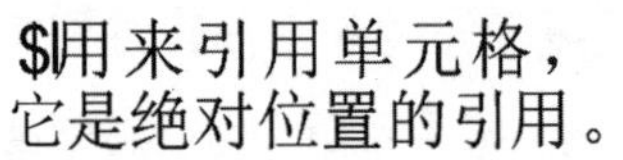

\$用来引用单元格，
它是绝对位置的引用。

图 7-62　文本中插入特殊字符

CorelDRAW Jisuanji Fuzhu Sheji

项目八

图形的高级编辑

任务一　刻刀工具与橡皮擦工具的使用

> **任务概述**

本任务主要讲解 CorelDRAW 中刻刀工具、橡皮擦工具、虚拟段删除工具的使用方法及相关技巧。

> **学习目标**

掌握运用刻刀工具对对象裁剪直线或曲线路径的方法，橡皮擦工具擦除图形的方法，以及如何运用虚拟段删除工具删除两个或多个相交对象中交叉点的线段。

一、刻刀工具的使用

1. 快速裁剪路径或图形

选择绘制的图形，在工具箱中单击刻刀工具 ，当鼠标呈垂直状刻刀显示时，单击左键，如图 8-1 所示，确定第一个裁剪点。将鼠标移至第二个剪裁点的位置，单击鼠标左键，选择工具箱中的"挑选工具"，可选中其中的单一对象，如图 8-2 所示。裁剪后图形成为两个独立的部分，可以分别编辑，如图 8-3 所示。

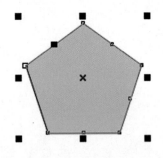　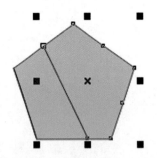　

图 8-1　确定第一个裁剪点　　图 8-2　确定裁剪终点　　图 8-3　裁剪后的效果

2. 曲线裁剪

（1）使用刻刀工具 还可以进行曲线裁剪。

（2）单击确认第一个裁剪点后，则要一直按住鼠标左键，并按想要描绘的曲线进行拖动，到达第二个剪裁的位置，然后释放鼠标左键。

（3）一个曲线剪裁路径就此绘制完成，图形将按此路径进行剪裁，如图 8-4 和图 8-5 所示。

图 8-4　绘制曲线裁剪路径

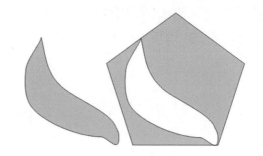

图 8-5　裁剪后的效果

二、橡皮擦工具的使用

使用橡皮擦工具  可以擦除任意图形，在工具箱中单击
橡皮擦工具，其属性栏如图 8-6 所示。

图 8-6　橡皮擦工具属性栏

（1）方形 □ / / 圆形 o：单击按钮，可设置橡皮擦的笔尖形状。

（2）橡皮擦的宽度：在文本框中输入设置橡皮擦的宽度。

（3）擦除时自动减少 ：单击此按钮，可以在使用橡皮擦工具擦除图形时自动减少节点，使图形流畅。

使用橡皮擦工具 擦除图形，先选择需要擦除的对象，在属性栏中设置相关参数后，在图形对象中按
住鼠标左键进行拖动，鼠标经过的部分就被擦除了，如图 8-7 和图 8-8 所示。

图 8-7　选择要擦除的图形对象

图 8-8　擦除图形对象

三、虚拟段删除工具的运用

使用虚拟段删除工具 ，可以删除相交对象中两个交叉点间的线段，形成新图形。

1. 虚拟段删除工具用于多个图形对象

（1）在工具箱中单击虚拟段删除工具 ，然后将鼠标移动到交叉线段处，光标显示 时，在需删除
的线段处单击鼠标左键，可删除所选择的线段，如图 8-9 和图 8-10 所示。

图 8-9　单击虚拟线段　　　　　　　　　　图 8-10　删除虚拟线段后的效果

（2）删除多条交叉线段，只需要按住鼠标左键并拖出一个范围，然后释放鼠标即可，由此就能得到新图形，如图 8-11 至图 8-13 所示。

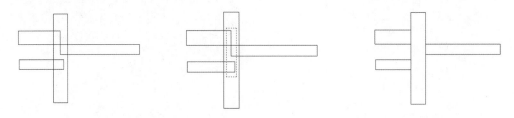

图 8-11　选择删除对象图形　　图 8-12　拖出删除范围　　图 8-13　删除多余线段后的效果

2. 虚拟段删除工具用于轮廓线和图形对象

当需要对轮廓线进行断开、开口操作时，具体操作如下。

（1）在轮廓线的合适位置，绘制好所需尺寸的矩形，如图 8-14 所示。

（2）点击虚拟段删除工具，将鼠标放置在矩形框内的轮廓线处，光标显示，点击鼠标，即可删除矩形框内的轮廓线，如图 8-15 所示。

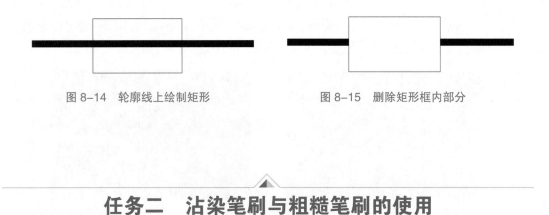

图 8-14　轮廓线上绘制矩形　　　　　图 8-15　删除矩形框内部分

任务二　沾染笔刷与粗糙笔刷的使用

> **任务概述**

本任务主要介绍 CorelDRAW 中沾染笔刷和粗糙笔刷的使用方法及相关技巧。

> **学习目标**

掌握沾染笔刷的使用方法及如何利用粗糙笔刷产生图形边缘的粗糙变形。

一、沾染笔刷的基础操作

使用沾染笔刷工具在图形对象内部任意涂抹，可以达到变形的目的。在工具箱中单击沾染笔刷工具，其属性栏如图 8-16 所示。

图 8-16　沾染笔刷工具属性栏

（1）笔尖的大小：在文本框中输入设置沾染笔刷的宽度。

（2）干燥：在文本框中输入数值，可控制涂抹效果变宽或变窄。

（3）笔倾斜：在文本框中输入数值，可调整笔刷的形状，如图 8-17 所示。

（4）笔方位：在文本框中输入数值，可更改笔刷的涂抹方位。

具体操作步骤如下。

先选择图形对象，在工具箱中单击沾染笔刷工具 。此时鼠标光标变成椭圆形，如图 8-18 所示，在对象上按住鼠标左键进行拖动，即可涂抹拖动路径上的部分，如图 8-19 所示。

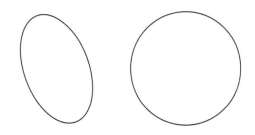

图 8-17　不同倾斜度的笔刷

图 8-18　选择要编辑的图形对象

图 8-19　"沾染笔刷"效果

二、利用粗糙笔刷工具制造锯齿状图形

使用粗糙笔刷工具 可以改变矢量图形中曲线的平滑度，产生粗糙的边缘变形效果，形成锯齿状图形。在工具箱里单击粗糙笔刷工具 后，其属性栏如图 8-20 所示。图 8-20 中框出的项目为"尖突频率"，可控制粗糙区域突出锯齿的频率密度。尖突频率不同产生的效果如图 8-21 所示。其他设置项与沾染工具相似。

图 8-20　"粗糙笔刷"属性栏

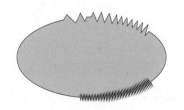

图 8-21　尖突频率不同产生的效果

选择需要编辑的图形，在打开的工具箱中单击粗糙笔刷工具 。

按住鼠标左键并在对象边缘上进行拖动，如图 8-22 所示，即可使整个图形产生边缘变形效果，如图 8-23 所示，也可使用本工具由图形内向外涂抹产生局部锯齿变形，如图 8-24 所示。

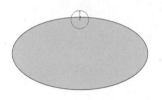
图 8-22　拖动鼠标

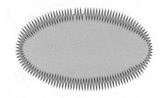
图 8-23　粗糙笔刷整体变形效果

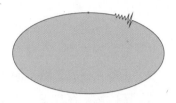
图 8-24　粗糙笔刷局部变形效果

任务三　对象管理器的使用

> 任务概述

　　本任务主要介绍对象管理器泊坞窗的功能和用法。

> 学习目标

　　掌握在对象管理器中创建、复制、移动、删除图层的方法；掌握隐藏、锁定和打印所选图层及控制绘图区域中图形对象之间的重叠方式；掌握选取和编辑图形的方法。

一、对象管理器中按钮的功能

　　对象管理器是管理页面、图层、图形的工具。可单击菜单栏"窗口→泊坞窗→对象管理器"将其调出。"对象管理器"顶部的按钮功能如下：

　　（1）显示对象属性 ，点击此按钮可显示或隐藏图形对象的属性，如图 8-25 所示。

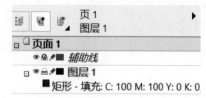
图 8-25　对象管理器对话框

　　（2）跨图层编辑按钮 ，默认处于按下状态，可以编辑所有图层，关闭后只能编辑当前活动图层的对象，如图 8-26 所示。

　　（3）图层管理器视图 ，可以切换图层管理器窗口图层显示的模式。

(a) 详细模式　　　　　　　　　　(b) 简化模式

图 8-26　图层显示的模式

二、新建和删除图层

1．新建图层

（1）打开一个包含多个图形的文件，如图 8-27 所示。

（2）在对象管理器泊坞窗查看文档中所有图形的信息，如图 8-28 所示。

（3）单击泊坞窗右上角的小箭头，在弹出的菜单中选择"新建图层"选项，可新建一个图层。此外，单击泊坞窗左下角 "新建图层"按钮，也可创建一个新的图层，如图 8-29 所示。

图 8-27　选择图形对象　　　　图 8-28　对象管理器泊坞窗　　　　图 8-29　新建图层

（4）单击泊坞窗右上角的按钮，在弹出的菜单中选择"新建主图层"选项，可以新建一个主图层。

提示：主图层和图层的区别是图层上的对象只在当前页面显示，主图层上的对象则在每个页面显示。

2．删除图层

如要在泊坞窗中删除一个图层，先选中需要删除的图层，单击泊坞窗右上角的按钮，在弹出的菜单中选择"删除图层"选项，或按 Delete 键即可。

三、更改图层属性

在"对象管理器"的图层前方有三个属性开关，其功能如下：

1. 隐藏或显示图层

通过单击图层前的眼睛图标 👁 ，可隐藏或显示图层，当图标为灰色表示此图层是不可见。

2. 可否打印该图层

图层前的打印机图标 🖶 表示在打印输出时可否打印该图层，当打印机图标为灰色时表示不可打印。在默认情况下，网格和辅助线为不可打印，当单击该图标使其呈现为黑色，就可以打印网格和辅助线了。

3. 可否编辑该图层

图层前的铅笔图标 ✏ 表示可否编辑该图层，当该图标显示为灰色则锁定了该图层，该图层中的任何对象均不可编辑，这样可防止意外修改或移动图层中的对象。

四、移动对象和复制到图层

1. 移动对象

如需移动对象来改变其在图层内或图层间的层叠顺序，可用鼠标拖动的方式来改变，如选择图层 1 上的对象，按下鼠标左键不放将其拖动到图层 2 上面，松开鼠标，所选的对象即被移动到图层 2 中，如图 8-30 所示。

(a) 点击要移动的对象   (b) 拖动到目标图层

图 8-30 移动对象到其他图层中

2. 复制到图层

选中某个对象，并点击"对象管理器"右上角的小箭头，在菜单中选择"复制图层"选项，然后单击要复制的图层，即可将所选对象复制一份到指定的图层，如图 8-31 所示。

(a) 点击"复制到图层"   (b) 点击目标图层

图 8-31 复制对象到指定图层

五、图层和页面的关系

CorelDRAW 文件可以允许创建多个图层和多个页面，在对象管理器中都可以查看，每个文件中可以有多个页面，每个页面中可以有多个图层，每个图层中可以有多个图形对象，如图 8-32 所示。

当我们绘制一个新的图形，它就会在对象管理器中出现，对象管理器中，可以通过拖动来调整图形的顺序，也可以调整图层的顺序。也可以通过选中图形后，点击鼠标右键，将图形放在最上或者最下，选项中"到图层后面"，即为将对象在图层内部调整到最后面，如图 8-33 所示。如需将对象调整到整个页面的最后，可以选择"到页面背面"，如图 8-34 所示。

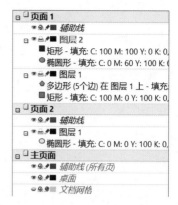

图 8-32　对象管理器中的图层和页面

此外，还可以在对象管理器中，进行跨页面的拖动如图 8-35 所示，如将紫色矩形，从页面 1 拖动到页面 2，紫色矩形就会从页面 1 中消失，而出现在页面 2 的相同位置。

图 8-33　将对象调整到图层后面

图 8-34　将对象调整到页面背面

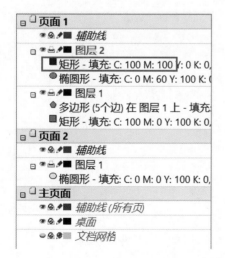

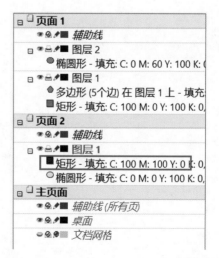

图 8-35　对象的跨页面拖动

CorelDRAW Jisuanji Fuzhu Sheji

项目九

图形特效（交互式工具）

任务一　交互式调和工具

> ### 任务概述

本任务主要介绍 CorelDRAW 中调和效果创建的方法，以及如何使用调和效果使颜色过渡得更自然。

> ### 学习目标

掌握创建调和效果的方法，并学习设置调和的颜色渐变、自定义交互式调和效果、沿路径为图形应用调和的方法。

一、创建交互式调和效果

1．使用鼠标拖曳方法创建交互式调和效果

（1）选择工具箱中的交互式调和工具 。

（2）选中需要设置的图形对象，单击并拖曳鼠标至另一个图形对象上，释放鼠标即可创建交互式调和效果，如图 9-1 所示。

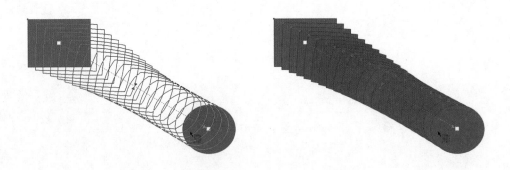

图 9-1　拖曳鼠标创建交互式调和效果

2．应用预设创建交互式调和效果

（1）使用挑选工具选中需要设置的两个图形对象。

（2）选择交互式调和工具，单击其属性栏中的"预设列表"下拉按钮 预设... ，在弹出的下拉列表中可选择预设好的交互式调和效果，如图 9-2 所示。

（3）如选择"顺时针 20 步长加速"选项，将得到如图 9-3 所示效果。

图 9-2 应用预设创建调和效果　　　　图 9-3 应用直接 20 步长减速预设效果

二、自定义交互式调和效果

1．自定义步长

（1）使用交互式调和工具从一个图形拖动到另一个图形，得到调和效果如图 9-4 所示。

（2）在属性栏中的"步长"数值框 中输入数值 8，效果如图 9-5 所示。

2．设置对象和颜色加速

选中应用完交互式调和效果的对象，单击属性栏上的"对象和颜色加速"按钮 ，然后单击并拖曳相应的滑块，可设置图形对象和颜色的加速速率，效果如图 9-6 所示。

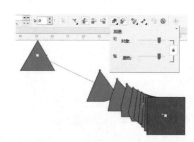

图 9-4 创建交互式调和效果　　图 9-5 设置"步长"值为 8 后的调和效果　　图 9-6 设置对象和颜色的加速速率

三、设置调和的颜色渐变

（1）使用交互式调和工具为图形应用交互式调和效果。

（2）单击属性栏中的"直线调和"、"顺时针调和"、"逆时针调和" 将依照色轮的位置和方向来调整调和对象的颜色，效果如图 9-7 所示。

(a) 直线调和　　　　　　　　　(b) 顺时针调和　　　　　　　　　(c) 逆时针调和

图 9-7 设置调和的颜色渐变

四、沿路径为图形应用调和

（1）使用贝塞尔工具在页面适当的位置绘制曲线段。

（2）使用挑选工具选中需要设置的调和对象，单击属性栏中的"路径属性"按钮，在弹出的隐藏菜单中选择"新路径"按钮，鼠标显示为曲线箭头，此时点击目标路径，如图 9-8 所示。

（3）在路径位置单击鼠标，将沿路径为图形应用调和，效果如图 9-9 所示。

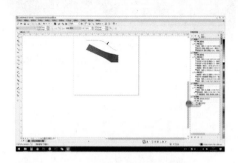

图 9-8　选择"新路径"命令

图 9-9　沿路径为图形应用调和的效果

任务二　交互式轮廓图工具的应用

＞ 任务概述

本任务主要介绍 CorelDRAW 中轮廓图效果的创建方法。

＞ 学习目标

掌握创建和清除轮廓图效果的方法，并学习设置图形的填充色和轮廓色、设置轮廓图的步长值和偏移量、设置对象和颜色加速。

一、创建和清除轮廓图效果

1．创建轮廓图效果

（1）选中需要设置轮廓图效果的图形对象，然后选择工具箱中交互式轮廓图工具，如图 9-10 所示。

（2）单击并向中心拖曳鼠标，即可创建内部轮廓图效果，如图 9-11 所示。

提示：交互式轮廓图效果一共有三种样式，分别为到中心、向内、向外。

2．清除轮廓图效果

若要清除轮廓图效果，单击属性栏中的"清除"按钮即可，如图 9-12 所示，其他的交互式效果的清除方法相似。

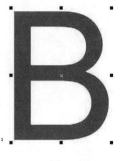

图 9-10 选择图形和工具　　　　图 9-11 创建轮廓图效果　　　　图 9-12 清除轮廓图效果

二、设置图形的填充色和轮廓色

1. 设置图形的填充色

（1）使用挑选工具选中需要设置的轮廓图对象。

（2）选中工具箱中的交互式轮廓图工具，单击其属性栏中的"填充色"下拉按钮，在弹出的下拉列表中选中所需的颜色，调整交互式轮廓图的填充色为蓝色，效果如图 9-13 所示。

2. 设置图形的轮廓色

若要设置轮廓图对象的轮廓颜色，在做轮廓色设置前需先给图形增加轮廓线，再单击属性栏中的"轮廓颜色"下拉按钮，在弹出的下拉列表中选择绿色，得到如图 9-14 的图像效果。

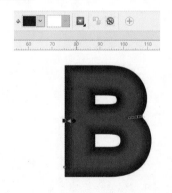

图 9-13 设置轮廓图的填充色　　　　图 9-14 设置轮廓图的轮廓色

三、设置轮廓图的步长值和偏移量

1. 设置轮廓图的步长值

（1）单击工具箱中的交互式轮廓图工具，选择需要设置的图形对象，如图 9-15 所示。

（2）在属性栏中的"轮廓图步长"数框中输入数值 6，调整轮廓图步长，得到如图 9-16 所示效果。

2. 设置轮廓图的偏移量

单击"轮廓图偏移"后的按钮，可增加或减少轮廓图的偏移量，图 9-17 为增加轮廓图偏移量后的效果。

图 9-15　选中图形对象　　　图 9-16　设置轮廓图的步长值　　　图 9-17　增加轮廓图偏移量为 2 和 4 时的效果

四、设置对象和颜色加速效果

（1）使用挑选工具选中需设置的轮廓图对象，如图 9-18 所示。

（2）单击工具箱中的交互式轮廓图工具按钮，再单击其属性栏上的"对象和颜色加速"按钮，在弹出的下拉列表中拖曳对象和颜色滑块，设置对象和颜色的加速效果，如图 9-19 所示。

　　　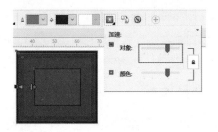

图 9-18　选中图形对象　　　图 9-19　设置对象和颜色的加速效果

任务三　交互式变形工具的使用

> **任务概述**

本任务主要介绍以 CorelDRAW 中的交互式变形工具为对象创建变形效果。

> **学习目标**

掌握 CorelDRAW 中的变形效果，并把这几种效果应用到图形或文本对象。

一、创建与编辑变形效果

1．推拉变形

所谓推拉变形指通过推拉对象的节点产生不同的变形效果，具体操作方法如下。

（1）选择交互式变形工具，如图 9-20 所示，并在属性栏中单击推拉变形按钮。
（2）在对象上某一点用鼠标左键单击，单击的位置即是变形的中心点，然后在对象上按下鼠标左键拖动，即可将对象创建推拉变形效果，如图 9-21 所示。

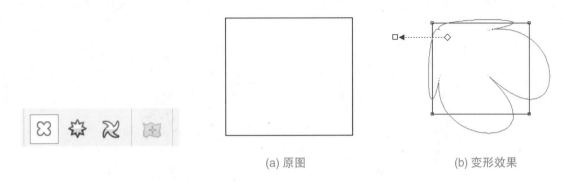

(a) 原图　　　　　　　　　　(b) 变形效果

图 9-20　选择交互式变形工具　　　　　图 9-21　创建推拉变形效果

（3）在属性栏中的推拉失真振幅文本框中输入数值，可以设置推拉变形的变形程度，如图 9-22 所示。

图 9-22　推拉变形振幅的调节

（4）用鼠标拖动箭头所指的小方块，可手动控制对象变形的程度，如图 9-23 所示。
（5）用鼠标拖动变形中心处的菱形，可手动设置对象变形中心，如图 9-24 所示。

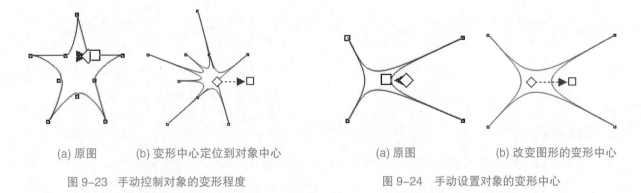

(a) 原图　　(b) 变形中心定位到对象中心　　　(a) 原图　　　(b) 改变图形的变形中心

图 9-23　手动控制对象的变形程度　　　图 9-24　手动设置对象的变形中心

（6）单击属性栏中的中心变形按钮，可把变形的中心点定位到对象的中心位置，如图 9-25 所示。

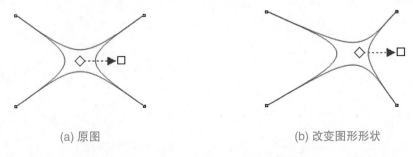

(a) 原图　　　　　　　　　　(b) 改变图形形状

图 9-25　将变形的中心移动到对象的中心

2．拉链变形

拉链变形能在对象的内侧和外侧产生节点，使对象的轮廓变成锯齿状的效果。

（1）将图形选中后选中交互式变形工具，在属性栏单击拉链变形按钮。在图形上方按下鼠标左键不动向任意方向拖动，对象会以鼠标单击点为中心点，创建出拉链变形效果，如图9-26所示。

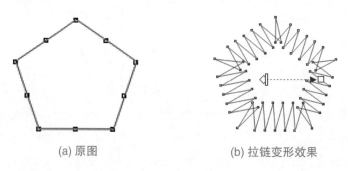

(a) 原图　　　　　　　　　　　(b) 拉链变形效果

图9-26　创建拉链变形效果

（2）在属性栏中的拉链失真振幅文本框 中输入数值（取值范围在 0 ～ 100 之间），数值越大拉链的变形效果越明显，如图9-27所示。

（3）用鼠标拖动箭头所指向的小方块，可以自由改变拉链变形幅度，如图9-28所示。

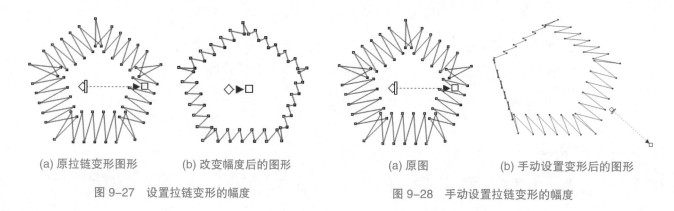

(a) 原拉链变形图形　　(b) 改变幅度后的图形　　　(a) 原图　　　　(b) 手动设置变形后的图形

图9-27　设置拉链变形的幅度　　　　　　图9-28　手动设置拉链变形的幅度

3．扭曲变形

用户可以为对象添加扭曲变形效果，扭曲变形是指对象围绕自身旋转，形成螺旋效果。

（1）先选中图形对象，单击交互式变形工具，在属性栏中单击扭曲变形按钮。在对象上按下鼠标左键不放并按顺时针或逆时针旋转，即可创建出如图9-29所示的扭曲变形效果。

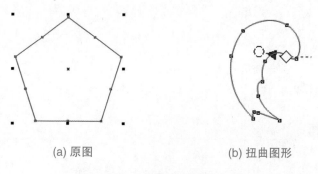

(a) 原图　　　　　　　　　　　(b) 扭曲图形

图9-29　创建扭曲变形效果

（2）如果对创建的扭曲变形效果不满意，还可以通过属性栏多个设置项及图形上的控制块进行调整。

① 在属性栏中单击顺时针和逆时针按钮，可以改变对象扭曲变形时的旋转方向。

② 在完全旋转数值框中输入数值，可以设置对象围绕中心旋转的圈数。

③ 在附加角度数值框中输入数值，可以设置图形所要旋转的角度。

④ 用鼠标拖动扭曲变形中心处的菱形◇，可以设置对象变形中心。

⑤ 在属性栏中单击中心变形按钮，可将变形的中心点定位到对象的中心位置。

二、应用与编辑预设变形

在默认情况下，CorelDRAW 中有五类预设变形效果，用户可以直接在其中为对象选择变形效果。为对象设置预设变形的方法如下。

（1）用挑选工具 选中变形对象，然后单击交互式变形工具，在属性栏中单击预设下拉列表，选择一种预设的变形方式，即可为对象应用预设的变形效果，如图 9-30 所示。

（2）用户还可以将满意的变形效果保存为预设效果，也可以删除已有的预设效果。如果将当前的变形效果保存为预设效果，可单击属性栏中的"添加预设"按钮 ＋；如果要删除已有的预设效果，可先取消对象的选取状态，单击工具箱中的交互式变形工具，然后选择预设下拉列表中自定义的预设变形效果，单击"删除预设"按钮 ━ 即可。

图 9-30　选择预设的变形方式

三、复制变形

当为对象创建了变形效果后，还可以将这种变形效果应用于其他对象，具体操作方法如下。

（1）用挑选工具 选中一个需要进行变形的图形对象，再单击工具箱中的交互式变形工具。

（2）在属性栏中单击"复制变形属性"按钮（或执行"效果"→"复制效果"→"变形自"命令）。

（3）这时光标变成 ➡ 状态，单击需要复制的变形对象即可。

四、节点与变形

通过调整图形节点，再进行变形操作，可以实现更多特殊图形的绘制。例如花朵的绘制方法如下。

（1）绘制一个圆形，点击形状工具，选中圆形，点击属性栏 将其转换为轮廓，圆形变为有四个节点的曲线，如图 9-31 所示。

（2）按"Ctrl+A"全选圆形所有节点，点击属性栏 增加节点按钮两次，圆形的节点数变为 16 个，如图 9-32 所示。

（3）点击交互式变形工具，选择推拉变形，将振幅设置为 -10，得到图形如图 9-33 所示。

（4）如将振幅设置为正值，则得到相反的变形效果，如图 9-34 所示。

 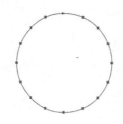  

图 9-31　转为轮廓后的圆形　图 9-32　增加节点后的圆形　图 9-33　推拉变振幅为负值　图 9-34　推拉变形振幅为正值

五、交互式变形工具与交互式调和工具的综合运用

按照上节内容，绘制完成一个花朵的图形后，可以运用交互式调和工具，来完成更多花瓣的绘制，方法如下。

（1）将花朵图形中心位置不变，进行缩小复制，得到一大一小两个花朵，如图 9-35 所示。

（2）设置大小花朵的填充色，如图 9-36 所示。

（3）选择交互式调和工具，在两个花朵图形之间拖动鼠标，得到更多的花朵图形，并去除轮廓色，如图 9-37 所示。

（4）如需调整图形的数量可设置步长数值。

图 9-35　复制缩小花朵图形　　　　图 9-36　填充颜色　　　　图 9-37　调和并去除轮廓色

任务四　交互式阴影工具的使用

> **任务概述**

本任务主要介绍 CorelDRAW 中交互式阴影工具的应用方法及相关技巧。

> **学习目标**

掌握运用交互式阴影工具为对象创建阴影，并学习通过阴影角度、不透明度、羽化等参数调节编辑阴影的方法。

一、创建阴影效果

使用交互式阴影工具 可以为对象添加柔和、逼真的阴影效果，得到更直观的效果。交互式阴影工具 只能用于文本和位图，不能用于调和对象、轮廓图和立体化对象。

（1）在工具箱中单击交互式阴影工具 ，并选择需要增加阴影效果的对象，如图 9-38 所示。

（2）按住鼠标左键进行拖动，即可为对象创建阴影效果（见图 9-39），拖动的方向即为阴影的方向，如图 9-40 所示。拖动阴影轴线上的滑块，可以调节阴影的不同透明度，如图 9-41 所示。

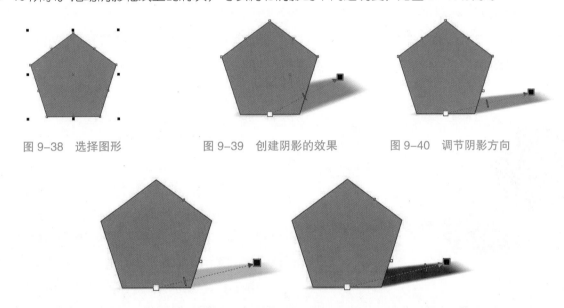

图 9-38　选择图形　　　　图 9-39　创建阴影的效果　　　　图 9-40　调节阴影方向

图 9-41　拖动滑块调节阴影的不透明度

二、编辑阴影效果

使用交互式阴影工具 后，属性栏设置如图 9-42 所示。

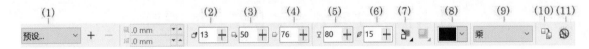

图 9-42　交互式阴影工具的属性框

（1）"预设"：可以在下拉列表框中选择系统提供的阴影样式。

（2）"阴影角度"：用于设置对象与阴影之间的透视角度。只有在对象上创建透明的阴影效果后，该选项才可以使用。将"阴影角度"设置为"-152"的效果，如图 9-43 所示。

（3）"阴影延伸"：用于设置阴影的长度。

（4）"阴影淡出"：用于设置阴影逐渐变浅的程度。

（5）"阴影的不透明度"：用于设置阴影的不透明度。数值越大，透明度越弱，阴影颜色越深；数值越小则阴影颜色越浅。如图 9-44 所示为不透明度 50。

（6）"阴影羽化"：设置阴影的羽化程度，使阴影产生不同程度的边缘柔和效果，如图 9-45 所示为

羽化度 33。

图 9-43　阴影角度

图 9-44　阴影的不透明度

图 9-45　阴影羽化

（7）"羽化方向"：单击按钮，弹出"羽化方向"设置面板，在其中可以设置阴影的羽化方向。

（8）"阴影颜色"：单击其下拉按钮，在弹出的颜色表框中可以设置阴影的颜色。

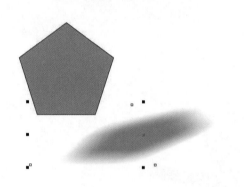

图 9-46　阴影和对象的分离

（9）"合并模式"：可设置阴影与下层对象的调和模式。

（10）"复制阴影的属性"：单击按钮，可以把阴影效果复制到别的对象上去。

（11）"清除阴影"：单击按钮，可以消除阴影效果。

如需分离对象和阴影，可用阴影工具右键点击图形，选择"拆分阴影群组"，分离后图形和阴影相互不受影响，保持各自的颜色和形状。也可通过快捷键实现此操作，选择对象后按住"Ctrl+K"键，可迅速将对象和阴影分离，然后可分别编辑，如图 9-46 所示。阴影和对象分离之后将不能再使用交互式阴影工具进行编辑。

任务五　交互式立体化工具的使用

> **任务概述**

本任务主要介绍 CorelDRAW 中交互式立体化工具的应用方法及相关技巧。

> **学习目标**

掌握矢量对象进行立体化处理的方法。

一、创建立体化效果

（1）单击工具箱中的交互式立体化工具 ，如图9-47所示，然后在需要创建立体化效果的图形上单击，选中图形，如图9-48所示。

（2）在图形上按下鼠标左键不放并朝某一方向拖动，如图9-49所示。松开鼠标后即可创建出如图9-50所示的立体效果。

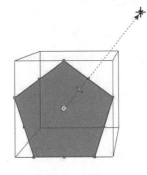

图9-47　选择交互式立体化工具　　图9-48　选中图形　　图9-49　拖动鼠标创建立体效果　　图9-50　生成立体效果

二、编辑立体化

给对象创建立体化效果后，还可以设置立体化效果的类型、深度、灭点坐标和灭点属性等。

1. 设置立体化类型

（1）单击工具箱中的交互式立体化工 ，选中已创建好的立体化对象。

（2）在属性栏中单击"立体化类型"  按钮，在弹出的列表框中选中一种立体化的类型，如图9-51所示，选择后即可改变原立体对象的立体化类型。

2. 设置立体化程度

设置立体化深度有以下两种方法，一是通过属性栏进行设置，二是通过手动调节设置。

（1）选择立体化对象，然后在属性栏中的"深度"文本框 中输入数值，可设置对象的立体化深度，如图9-52所示。

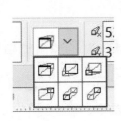

　　　　　　　　　　　　　　　(a) 默认深度　　　　(b) 设置深度为20

图9-51　选择立体化类型　　　　图9-52　设置对象的立体化深度

（2）当选中立体化对象后，使用鼠标拖动箭头虚线上的矩形滑块，可以手动控制对象的立体化深度，如图9-53所示。

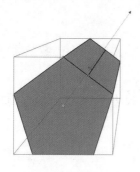
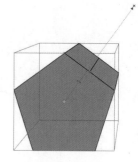

(a) 默认深度 　　　　　　　　　　(b) 拖动滑块后深度变化

图 9-53　手动控制对象的立体化深度

3．设置对象灭点坐标的位置

灭点指的是立体图形各点延伸线向消失处延伸的相交点。设置对象灭点坐标有以下两种方法。

（1）在属性栏中的"灭点坐标"文本框 ![50.335 mm 74.926 mm] 中输入数值，可以设置对象灭点坐标的位置，如图 9-54 所示。

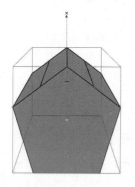
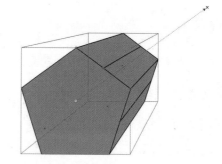

(a) 默认灭点位置 　　　　　　　　　　(b) 设置灭点生效后

图 9-54　设置对象灭点坐标的位置

（2）若用鼠标拖动虚线箭头所指的 ✖ 符号，可以手动控制对象的灭点。

4．灭点属性

在属性栏中单击灭点属性下拉式按钮，弹出图 9-55 所示的下拉列表，在列表中可选择对象的灭点属性。

5．用"立体化"泊坞窗编辑立体化对象

将立体化对象选中，执行"窗口"→"泊坞窗"→"立体化"命令，弹出如图 9-56 所示的"立体化"泊坞窗，在该泊坞窗中单击"编辑"按钮，将各设置选项激活，也可以对立体化对象进行编辑。

图 9-55　选择灭点属性　　图 9-56　"立体化"泊坞窗

任务六　交互式封套工具的使用

本任务主要介绍 CorelDRAW 中交互式封套工具的应用方法及相关技巧。

掌握运用交互式封套工具为对象添加封套，学习如何编辑修改封套效果、复制图形中的封套的方法。

一、创建封套效果

使用交互封套工具 可以为对象添加封套效果，使对象整体形状随着封套外形的变化而变化。

（1）在工具箱中单击交互式封套工具 ，并选择需要编辑的对象，如图 9-57 所示。

（2）选择图形周围的节点并拖曳，就可为图形应用封套效果，在改变封套的形状时，可以用节点工具对封套的每一个节点进行调整，如图 9-58 所示。

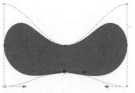

图 9-57　选择图形　　　图 9-58　创建封套效果

（3）使用创建封套自工具，选择一个图形，然后单击交互式封套工具属性栏中"创建封套自" 按钮，选择另一个图形，如图 9-59 所示，那么前一个图形则会创建来自后一个图形的封套，如图 9-60 所示，编辑节点则产生变形，如图 9-61 所示。

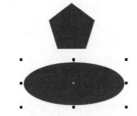

图 9-59　选择对象图形　　　图 9-60　创建封套自另个图形　　　图 9-61　编辑节点

二、复制图形中的封套效果

使用"复制封套属性"工具 还可以为图形复制封套效果，把第一个图形的封套效果复制到第二个图

形甚至第三个图形上，如图 9-62 至图 9-64 所示。

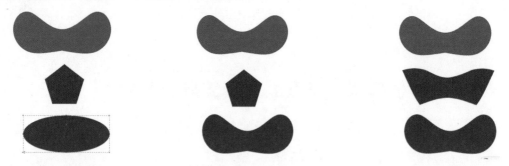

图 9-62　选择对象图形　　图 9-63　复制创建封套自第二个图形　　图 9-64　复制创建封套自第三个图形

三、编辑封套效果

为图形创建了封套效果后，可以通过封套工具的属性栏来修改和编辑封套效果，交互式封套工具 🔧 的属性栏设置如图 9-65 所示。

(1) (2) (3) (4)　　　　　　　　(5)

图 9-65　交互式封套工具属性框

（1）封套的非强制模式 ：单击该按钮，可任意编辑封套形状、更改封套边线类型和节点类型，以及增加或删除封套的控制点。编辑控制节点的方法和使用形状工具编辑曲线节点的方法相同。

（2）封套的直线模式 ：单击该按钮，移动封套控制点，可保持封套边线为直线弧。

（3）封套的单弧模式 ：单击该按钮，移动封套的控制点，封套边线将变成单弧线。

（4）封套的双弧模式 ：单击该按钮，移动封套的控制点，封套边线将变成 S 形弧线。

（5）清除封套 ：可以消除封套效果。

任务七　透明度工具的使用

> **任务概述**

本任务主要介绍 CorelDRAW 中透明度工具的应用方法及相关技巧。

> **学习目标**

掌握运用透明度工具创建渐变、底纹、图样等透明效果，学习通过透明度的调节、透明目标的选择等来设置编辑透明效果。

一、创建均匀、渐变、底纹和图样的透明效果

使用透明度工具 可以为对象添加透明效果。在工具箱中单击交互式透明工具 ，然后在属性栏中的"透明度类型"下拉列表框中选择合适的透明度类型。

"透明度类型"下拉表框中包含了六类透明效果样式。多种透明度按钮如图 9-66 所示。

(a) 多种透明度类型按钮 1

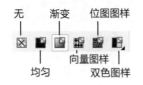
(b) 多种透明度类型按钮 2

(c) 多种透明度类型按钮 3

图 9-66　多种透明度按钮

1．创建均匀的透明效果

选择该标准选项，可以对整个图形部分应用相同的透明效果。运用此种透明效果样式，可创建均匀的透明效果，如图 9-67 所示。

2．创建渐变的透明效果

（1）线性：选择该选项，可以沿直线方向对对象创建渐变的透明效果，如图 9-68 所示。

（2）椭圆：选择该选项，可以沿一系列同心圆方向创建渐变的透明效果，如图 9-69 所示。

（3）圆锥：选择该选项，可以沿圆锥形式创建渐变的透明效果，如图 9-70 所示。

图 9-67　标准透明度类型效果　　图 9-68　线性透明效果　　图 9-69　椭圆透明效果　　图 9-70　圆锥透明效果

（4）方角：选择该选项，可以按方角的形式创建渐变的透明效果。

3．创建图样的透明效果

双色图样、向量图样和位图图样：选择该选项，可以为对象应用图样的透明效果。在双色图样、全色图样、位图图样分别的属性栏中的图样下拉框中可以选择不同的图样 ，在属性栏中可调节透明度 。效果如图 9-71 至图 9-73 所示。

4．底纹

选择底纹选项，可以为对象应用随机化的外观自然的底纹透明效果，在属性栏的底纹下拉框中可选择不同的底纹，如图 9-74 所示。

图 9-71　向量图样透明度效果　图 9-72　位图图样透明度效果　图 9-73　双色图样透明度效果　图 9-74　底纹透明度效果

二、应用并设置多层透明效果

使用透明度工具可以为多层对象添加透明叠加效果，如图 9-75 所示。

图 9-75 多层透明叠加效果

（1）应用均匀透明效果后，可以通过工具属性栏来调整透明的数值。均匀透明度工具属性栏如图 9-76 所示。

图 9-76 均匀透明度工具属性栏

（2）通过在透明度数值框 中输入所需数值来调节透明度，通过"透明度区域" 来设置为图形填充区域轮廓区应用透明效果， 为冻结， 可以复制透明度属性， 可以消除透明度。

三、运用交互式透明和调和工具制作羽化效果

如需绘制一个羽化边缘的椭圆形，需先用圆形工具绘制一个椭圆并填充颜色去除描边，然后将其复制缩小，并水平移动一定距离，如图 9-77 所示。然后选择透明度工具 ，点击将较大的椭圆，透明度设置为 100，如图 9-78 所示。

图 9-77 绘制两个椭圆   图 9-78 较大椭圆透明度 100

选择交互式调和工具 ，步长设置为 20，调和后得到的图形如图 9-79 所示。然后，选中最大的和最小的椭圆（最大的椭圆已设置为全透明，选择时需要确定选定的对象正确），按 E 键再按 C 键，进行对齐操作，最终得到有羽化效果的椭圆，如图 9-80 所示。

图 9-79 调和两个椭圆   图 9-80 羽化效果的椭圆

任务八 透视效果的应用

> **任务概述**

本任务主要介绍在 CorelDRAW 中如何为图形添加透视效果。

> **学习目标**

掌握为图形添加透视效果的方法。

通过缩短对象的一边或两边，可以创建透视效果。这种效果使对象看起来像是沿着一个或两个方向后退，从而产生单点透视或两点透视效果。在对象或群组对象中可以添加透视效果。

一、创建透视效果

（1）使用挑选工具选中需要添加透视效果的图形。

（2）执行"效果→添加透视"命令，如图 9-81 所示。

二、编辑透视效果

通过"添加透视"命令，图形四边出现控制点，使用鼠标单击并拖曳任意控制点，可调整图形的透视效果，如图 9-82 所示。

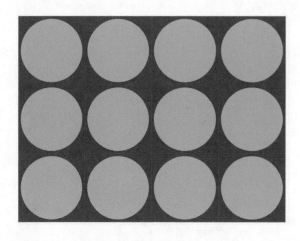

图 9-81 选中图形并执行菜单命令

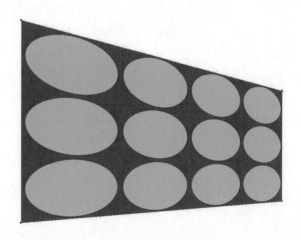

图 9-82 编辑图形的透视效果

CorelDRAW Jisuanji Fuzhu Sheji

项目十
位图编辑

任务一 使用图框精确剪裁命令

> **任务概述**

本任务主要介绍在 CorelDRAW 中如何使用图框精确剪裁命令控制图形的外形。

> **学习目标**

掌握创建图框精确剪裁对象的方法，并学习编辑图框精确剪裁的内容及提取图框精确剪裁对象内容的方法。

一、创建图框精确剪裁

在 CorelDRAW 中，可将一个矢量对象或位图放置到其他对象中，当放置到容器中的对象比容器大时，对象将被裁剪以适合容器的形状大小，具体的创建步骤如下。

（1）选择一个图形对象，执行"对象→图框精确剪裁→置于图文框内部"菜单命令，如图 10-1 所示。

（2）页面将出现一个黑色的小箭头，单击作为容器框架的对象时，将图形对象精确地剪裁置于容器中，如图 10-2 所示。

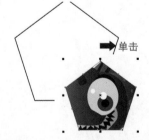

图 10-1　选中图形并执行菜单命令　　　　图 10-2　应用图框精确剪裁图形

二、编辑图框精确剪裁对象的内容

在创建完图框精确剪裁效果后，如需使图框精确剪裁效果满足自己的需求，则需编辑图框精确剪裁中的图形对象，具体操作步骤如下。

（1）选中图框精确剪裁的图形，执行菜单栏"对象→图框精确剪裁→编辑 PowerClip"命令，如图 10-3 所示。

（2）进入图框精确剪裁的可编辑状态，使用挑选工具将图形调整到页面合适的位置，如图 10-4 所示。

（3）设置完成后，单击页面左下角的"完成编辑对象"按钮，完成图框精确剪裁效果，如图 10-5 所示。

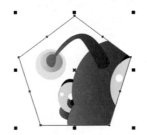

图 10-3　选中图形并执行菜单命令　　图 10-4　进入编辑图框精确剪裁状态　　图 10-5　完成编辑

三、提取图框精确剪裁对象的内容

除创建和编辑图框精确剪裁对象外，还可以提取图框精确剪裁中的图形对象。

（1）选中图框精确剪裁图形对象，执行"对象→图框精确剪裁→提取内容"命令，如图 10-6 所示。

（2）提取后的图形会跳出剪裁框，即可对其进行其他编辑操作，如图 10-7 所示。

图 10-6　选中图形并执行菜单命令　　　　图 10-7　提取图框精确剪裁对象的内容

任务二　位图与矢量图之间的相互转换

> **任务概述**

本任务主要介绍 CorelDRAW 中位图与矢量图之间的相互转换。

> **学习目标**

掌握位图与矢量图之间相互转换的方法。

一、矢量图转换为位图

（1）使用挑选工具选中需要转化为位图的矢量图形，如图 10-8 所示。

（2）执行菜单栏"位图→转换为位图"命令，打开"转换为位图"对话框，如图 10-9 所示，在对话框中可设置该位图的分辨率、颜色和选项参数。

（3）设置完成后单击"确定"按钮，将选中的矢量图转换为位图，如图 10-10 所示。

图 10-8　选中需转换为位图的矢量图　　　图 10-9　转换为位图对话框　　　图 10-10　转换为位图后的效果

提示：勾选"应用 ICC 预置文件"复选框，则应用国际颜色委员会预置文件，使设备与色彩空间的颜色标准化；勾选"始终叠印黑色"复选框，则当黑色为顶部颜色时叠印黑色，若需要打印位图，则勾选该复选框，可防止黑色对象与下面对象之间出现间距；勾选"光滑处理"复选框，则平滑位图的边缘；勾选"透明背景"复选框，则使位图的背景透明化。

二、位图转换为矢量图

（1）使用挑选工具选中需转换为矢量图的位图，如图 10-11 所示。

（2）执行菜单栏"位图→快速描摹"命令，快速将位图转换为矢量图，效果如图 10-12 所示。

图 10-11　选中需转换为矢量图的位图　　　图 10-12　将位图转换为矢量图

任务三　设置位图图像

> 任务概述

本任务主要介绍 CorelDRAW 中对位图图像进行设置的方法。

掌握调整位图色彩模式及位图颜色的方法。

一、位图色彩模式的更改

1. 将位图设置为黑白模式

（1）使用挑选工具选中需设置的位图图像，执行菜单栏"位图→模式"命令，如图10-13所示。

（2）在"模式"的下拉菜单中选择"黑白（1位）"选项，打开"转换为1位"对话框，如图10-14所示。

（3）设置完"转换为1位"对话框中的各项参数后，单击"确定"按钮，得到如图10-15所示效果。

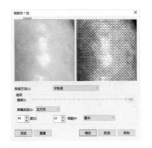

图10-13　选中位图并执行菜单命令　　图10-14　"转换为1位"对话框　　图10-15　将位图转换为黑白模式

2. 将位图转换为灰度模式

使用挑选工具选中需设置的位图图像，执行"位图→模式→灰度（8位）"命令，即可将位图转换为灰度模式，如图10-16所示。

3. 将位图设置为双色调模式

（1）使用挑选工具选中需要设置的图形对象，执行"位图→模式→双色调（8位）"菜单命令，如图10-17所示。

图10-16　将位图转换为灰度模式　　　　图10-17　选中位图并执行菜单命令

（2）打开"双色调"对话框，在"曲线"选项卡的"类型"下拉列表中选择"双色调"选项，然后单击并拖曳曲线滑块，设置曲线外形，如图10-18所示。

（3）设置完成后，单击对话框中的"确定"按钮，将位图设置为双色调模式，效果如图10-19所示。

4. 将位图设置为调色板模式

将图像转换为调色板模式时，会给每个像素分配一个固定的颜色值，这些颜色值储存在简洁的颜色表中。

（1）使用挑选工具选中需要设置的图形对象，执行"位图→模式→调色板(8位)"命令，如图10-20所示。

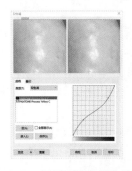

图 10-18　设置"双色调"选项　　图 10-19　将位图设置为双色调模式　　　图 10-20　选中图形并执行菜单命令

（2）打开"转换至调色板色"对话框，在"选项"的"递色处理"下拉列表中选择"Jarvis"选项，如图10-21所示。

（3）设置完成后，单击"确定"按钮，将位图更改为调色板模式，效果如图10-22所示。

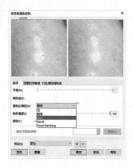

图 10-21　设置调色板色参数　　　　　　图 10-22　设置调色板色模式后

二、位图颜色的调整

1. 图像调整实验室

使用"图像调整实验室"对话框可以快速、轻松地矫正大多数相片的颜色和色调。

（1）选中需要设置的位图图像，执行"位图→图像调整实验室"菜单命令，如图10-23所示。

（2）打开"图像调整实验室"对话框，单击对话框中的"自动调整"按钮，将通过设置图像中的白点和黑点来自动调整颜色，如图10-24所示。

（3）还可以通过对"温度"、"淡色"、"饱和度"、"亮度"、"对比度"、"高光"和"阴影"等滑块的拖曳，调整位图影调参数，效果如图10-25所示。

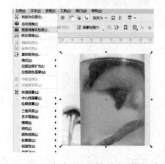
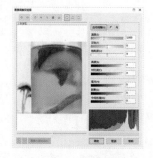
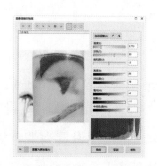

图 10-23　选中位图并执行菜单命令　　图 10-24　"图像调整实验室"对话框　　图 10-25　自定义位图影调

2. 色彩遮罩的应用

使用"位图颜色遮罩"命令，可以将图像中某部分（通常是背景）的图像隐藏起来。

（1）使用挑选工具选中位图，执行"位图→位图颜色遮罩"菜单命令，如图 10-26 所示。

（2）打开"位图颜色遮罩"泊坞窗，选择"隐藏颜色"单选按钮，并单击颜色选择按钮 ，在图像上选取一种颜色作为图像的遮罩色，也可单击编辑颜色按钮 ，在打开的选择颜色对话框中选择合适的颜色作为图像的遮罩色，如图 10-27 所示。

图 10-26　选中图形对象并执行菜单命令

图 10-27　位图颜色遮罩泊坞窗

（3）通过设置"容限"滑块的位置，可调整所选位图颜色的敏感度，单击"应用"按钮后，即可显示位图颜色遮罩的效果，如图 10-28 所示。

(a) 容限值为 0 的效果

(b) 容限值为 28 的效果

图 10-28　位图颜色遮罩中使用隐藏颜色的效果

（4）如果在泊坞窗中选中"显示颜色"单选按钮，然后选择需要显示的颜色并调整"容限"参数，则当单击"应用"按钮后，图像将只显示选中的颜色，如图 10-29 所示。

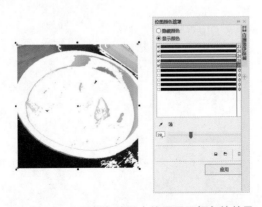

图 10-29　位图颜色遮罩中使用显示颜色的效果

CorelDRAW Jisuanji Fuzhu Sheji

项目十一
应用滤镜

任务一　制作三维艺术效果

任务概述

本任务主要介绍 CorelDRAW 中滤镜的应用。

学习目标

掌握如何在矢量软件当中应用滤镜对位图文件进行各种特效的编辑。

图 11-1　"三维效果"的滤镜菜单

　　CorelDRAW 提供了一组强大的三维效果滤镜，可以为图像快速的添加深度和三维度。执行菜单栏"位图→三维效果"，将弹出如图 11-1 所示的下拉菜单。"三维效果"滤镜主要包括 7 个滤镜，有"三维旋转"滤镜、"浮雕"滤镜、"卷页"滤镜、"透视"滤镜等。制作三维效果实质就是通过对二位的图像进行三维的变化，产生三维的立体化效果，使图像具有空间上的深度感。

一、三维旋转命令的使用

　　"三维旋转"滤镜可以通过拖放三维模型（位于对话框左边），在三维空间中旋转图像，也可以在"水平"或"垂直"文本框中输入旋转值，旋转值可以在负 75° 至正 75° 之间选择，对话框如图 11-2 所示，此对话框包括以下选项。

　　（1）垂直：此项可设置垂直方向的旋转角度。

　　（2）水平：此项可设置水平方向的旋转角度。

　　（3）最适合：选中此复选框，经过旋转后的位图将更适应于图框。

　　图 11-3 所示是图像应用此命令的前后效果。

图 11-2　"三维旋转"对话框

(a) 原图　　　　(b) 三维旋转效果

图 11-3　图像应用"三维旋转"命令前后的效果

二、浮雕命令的使用

"浮雕"滤镜效果用来在对象上创建突出或凹陷的效果，通过修改图像的光源完成浮雕效果。为了形象化该效果，想象在图像周围有一个圆形区域，在这个360°的圆形内，可以在任何位置放置图像的照射光源，对话框如图11-4所示，此对话框包括以下选项。图像应用"浮雕"命令的前后效果如图11-5所示。

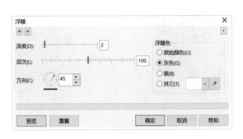

图11-4　"浮雕"对话框

(a) 原图　　　　(b) 浮雕效果

图11-5　图像应用"浮雕"命令的前后效果

（1）深度：拖动滑块可设置浮雕效果的深度，值越大浮雕效果越明显。

（2）层次：拖动滑块可设置浮雕效果所包含的背景颜色，该值越大浮雕效果越明显。

（3）方向：拖动方向盘中的指针，或在后面的文本框中输入数值，可以设置浮雕的光照方向。

（4）浮雕色：此项可设置浮雕效果的颜色。

三、为图形添加卷页效果

"卷页"滤镜可以提起对象的一角。"卷页"对话框中的图标可以用来设置页角卷起的方向。卷页的高度、宽度、方向、透明度和颜色都可以进行调整。对话框如图11-6所示，该对话框主要包括以下选项。

（1）定向：可设置页角卷起的方向。

（2）纸张：设置图像卷页部分的透明效果，选择"不透明"单选项，使用纯色创建卷页效果。选择"不透明"单选框，卷页处可以看到卷页内的图像。

（3）颜色：此选项设置卷页处的颜色，可在"卷曲"颜色列表中为卷页表面指定一种纯色；在"背景"颜色列表中设置页面卷起后的背景颜色。

（4）宽度、高度：可拖动相应的滑块，设置图像卷页的高度和宽度。

图11-7所示是图像应用此命令的前后效果。

图11-6　"卷页"对话框

(a) 原图　　　　(b) 卷页效果

图11-7　图像应用"卷页"命令的前后效果

四、为图形添加透视效果

"透视"滤镜为图像添加深度，"透视"对话框中有一个透视调节框，通过拖动手柄，可以增添透视效果，对话框如图11-8所示，该对话框包括以下选项。

（1）透视调节框：可以手动调节对话框中的四个节点，改变图像的透视。

（2）类型：选中"透视"单选项，使图像产生透视效果；选中"切变"单选项，使图像产生倾斜效果。

（3）最合适：选中此复选框，经过变形后的位图更适合于图框。

图 11-9 所示是图像应用"透视"命令的前后效果。

(a) 原图　　　　(b) 透视效果

图 11-8　"透视"对话框　　　　图 11-9　图像应用"透视"命令的前后效果

任务二　艺 术 笔 触

> **任务概述**

本任务主要介绍 CorelDRAW 中图像应用艺术笔触后的各种效果。

> **学习目标**

掌握艺术笔触滤镜的运用方法。

一、蜡笔画效果的添加

CorelDRAW 中可以对位图进行多种艺术笔触的处理，如图 11-10 所示。"蜡笔画"可以使图像看起来是像是用蜡笔画绘制而成的，图像的基本颜色不会改变，但是颜色会分散到图像中去，同蜡笔绘制的效果相似。

（1）执行"位图→艺术笔触→蜡笔画"菜单命令，打开"蜡笔画"对话框，如图 11-11 所示。

图 11-10　多种艺术笔触　　　　图 11-11　"蜡笔画"对话框

（2）拖动大小滑块可以调整蜡笔笔触的大小。

（3）拖动轮廓滑块可以改变图像轮廓的细节，值越大，图像的轮廓越清晰。

图 11-12 所示是图像应用此命令的前后效果。

(a) 原图　　　　　　　　　　　　　　(b) 蜡笔画效果

图 11-12　图像应用"蜡笔画"滤镜的前后效果

二、印象派效果的添加

"印象派"滤镜模拟了油性颜色料生成的效果。

（1）执行菜单栏"滤镜→艺术笔触→印象派"命令，打开"印象派"对话框，如图 11-13 所示。

（2）样式选项可选择印象派绘画的风格，有"笔触"或"色块"样式供选择。

（3）技术包括 3 个选项。选择"笔触"选项可以调整绘画笔触的大小；选择"着色"选项可调整色彩的鲜明程度；选择"亮度"选项可以调整色彩的亮度。

图 11-14 所示是图像应用此命令的前后效果。

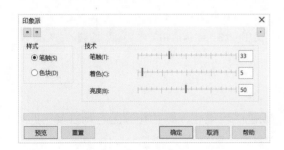  

(a) 原图　　　　　　　　　(b) 印象派效果

图 11-13　"印象派"对话框　　　　　　　图 11-14　图像应用"印象派"滤镜的前后效果

三、钢笔画效果的添加

"钢笔画"滤镜可以改变图像的外观，让图像看起来像是使用灰色钢笔和墨水绘制而成的。

（1）执行菜单栏"滤镜"→"艺术笔触"→"钢笔画"命令，打开"钢笔画"对话框，如图 11-15 所示。

（2）对话框的"样式"栏中有"交叉阴影"和"点画"两个选项。

（3）"密度"选项可以控制墨水点或笔画的强度，而"墨水"选项可以沿着边缘控制墨水，该值越大，画面越接近于黑色。

图 11-16 所示是图像应用此命令的前后效果。

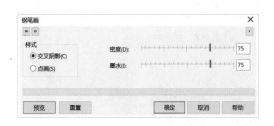

(a) 原图　　　　　　　(b) 钢笔画效果

图 11-15　"钢笔画"对话框　　　　　　图 11-16　图像应用"钢笔画"滤镜的前后效果

四、木版画效果的添加

木版画是使用两层图绘制的图像。底层包含彩色或白色，而上层包含黑色，然后，从上层刮掉颜色料，露出底层的颜色。

（1）执行菜单栏"滤镜→艺术笔触→木版画"命令，打开"木版画"对话框，如图 11-17 所示。

（2）"刮痕至"栏可以控制底层包含彩色还是白色。

（3）"密度"选项控制刮痕之间的接近程度，而"大小"选项控制刮痕的大小。

图 11-18 所示是图像应用此命令的前后效果。

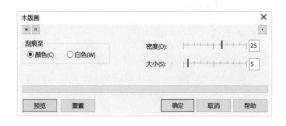

(a) 原图　　　　　　　(b) 木版画效果

图 11-17　"木版画"对话框　　　　　图 11-18　图像应用"木版画"滤镜的前后效果

五、水彩画效果的添加

"水彩画"滤镜用来为图像模拟水彩画的效果，产生的颜色比较柔和，颜色和颜色之间会发生扩散。

（1）执行"滤镜→艺术笔触→水彩画"命令，打开"水彩画"对话框，如图 11-19 所示。

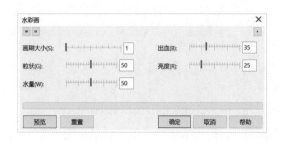

图 11-19　"水彩画"对话框

（2）"画刷大小"选项用来控制水彩的斑点大小。

（3）"粒状"选项是用来控制纸张纹理颜色的强度（低的设置提供更独立的图像，而高的设置会创建蜡笔画图形）。

（4）"水量"选项控制了应用到画面中水的效果（低设置创建更为浓缩的图画，而高设置创建严重稀释的图画）。

（5）"出血"选项是用来控制颜色之间扩散的程度。

（6）"亮度"选项则是控制图像中的亮度。

图 11-20 所示的是图像应用水彩画命令的前后效果。

(a) 原图

(b) 水彩画效果

图 11-20　图像应用"水彩画"滤镜的前后效果

任务三　模糊、扩散和颜色

> **任务概述**

本任务主要介绍 CorelDRAW 中模糊、扩散及颜色滤镜的特殊效果。

> **学习目标**

掌握运用模糊、扩散及颜色滤镜创建特殊效果的方法。

一、模糊滤镜

模糊滤镜有多种模糊方式，如图 11-21 所示。高斯式模糊、动态模糊是较为常用的模糊工具。

1．定向模糊

"定向模糊"滤镜提供了最为精细的模糊效果，在平滑矢量图画中形成粗糙点和边缘的时候，这个模糊滤镜就非常有用。

（1）选择位图，执行菜单栏"位图→模糊→定向模糊"命令，弹出"定向平滑"对话框。

（2）拖动对话框中的"百分百"滑块进行，可以设置平滑效果的强度。如图 11-22 所示的变化比较细微。

⚡	定向平滑(D)...
■	高斯式模糊(G)...
⋙	锯齿状模糊(J)...
▨	低通滤波器(L)...
⮞	动态模糊(M)...
✦	放射式模糊(R)...
✍	平滑(S)...
⌇	柔和(F)...
✦	缩放(Z)...
◉	智能模糊(A)...

图 11-21　多种模糊方式

2．高斯式模糊

高斯式模糊是最常用和最流行的模糊效果。"高斯式模糊"滤镜在润色过程中通常使用较低的值，而较

高的值总是用来创建模糊的特殊效果，而"高斯式模糊"滤镜具有随机的效果。

（1）选择位图，执行"位图→模糊→高斯式模糊"命令，弹出"高斯式模糊"对话框，如图 11-23 所示。

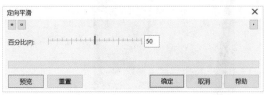

图 11-22　"定向平滑"对话框　　　　　　　图 11-23　"高斯式模糊"对话框

（2）在该对话框中拖动"半径"滑块，可以设置图像的模糊程度，图 11-24 所示图像为应用此命令的前后效果。

(a) 原图　　　　　　　　　　　(b) 高斯式模糊后的图像

图 11-24　图像应用"高斯式模糊"滤镜的前后效果

3．锯齿状模糊

锯齿状模糊滤镜可以去掉图像区域中的小斑点和杂点，也可以用来校正图像，特别是使用定向模糊后不能得到满意效果的时候，还可以用于包含遮盖物或波纹图案的扫描图像。

（1）选择位图，执行"位图→模糊→锯齿状模糊"命令，弹出的"锯齿状模糊"对话框，如图 11-25 所示。

（2）"宽度"选项用于设置模糊效果，以影响左右相邻的像素量。

（3）"高度"选项用于设置模糊效果，以影响上下相邻的像素量。

图 11-26 所示是图像应用此命令的前后效果。

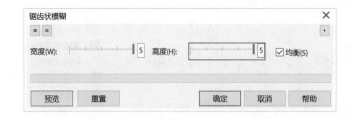

(a) 原图　　　(b) 锯齿状模糊效果

图 11-25　"锯齿状模糊"对话框　　　　　図 11-26　图像应用"锯齿状模糊"滤镜的前后效果

4．动态模糊

"动态模糊"滤镜通常只在某一个角度上集中应用模糊效果，创建运动效果，该对象的模糊角度可以在滤镜对话框中定义。

（1）选择位图，执行菜单栏"位图→模糊→动态模糊"命令后，弹出如图 11-27 所示的"动态模糊"对话框。

（2）"间距"用于设置运动模糊的强度。

（3）"方向"用于设置运动模糊的方向。

（4）"图像外围取样"的选项中，若选择"忽略图像外的像素"单选项，可以将图像外像素的模糊效果忽略；若选择"使用纸的颜色"单选项，可以在模糊效果的开始处使用纸的颜色；若选择"提取最近边缘的像素"单选项，可以在模糊效果的开始处使用图像边缘的颜色。图 11-28 所示是图像应用此命令的前后效果。

(a) 原图　　　(b) 动态模糊效果

图 11-27　"动态模糊"对话框　　　图 11-28　图像使用"动态模糊"滤镜的前后效果

5．放射状模糊

"放射状模糊"滤镜创建了一种从中心位置向外辐射的模糊效果。

（1）选择位图，执行菜单栏"位图→模糊→放射状模糊"命令后，弹出如图 11-29 所示的"放射状模糊"对话框。

（2）"数量"选项用于设置模糊效果的强度，默认情况下模糊中心就是图的中心位置。

（3）单击"放射状模糊"滤镜对话框中的拾取中心点工具，单击图像，可以修改中心位置。

图 11-30 所示是图像应用"放射状模糊"命令的前后效果。

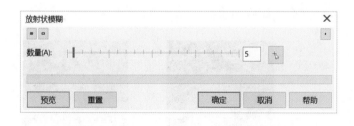

(a) 原图　　　(b) 放射状模糊效果

图 11-29　"放射状模糊"对话框　　　图 11-30　图像使用"放射状模糊"滤镜的前后效果

二、扩散滤镜

"相机"滤镜是通过模仿照相机的原理使图像产生光的效果，该滤镜组中只包括一个"扩散"滤镜。

（1）选择位图，执行菜单栏"位图→相机→扩散"命令，弹出"扩散"对话框，如图 11-31 所示。

（2）拖动该对话框中的"层次"滑块或直接在右侧的文本框中输入数值，可设置产生扩散的强度，数值越大，效果越明显。

图 11-32 所示是图像应用该命令的前后效果。

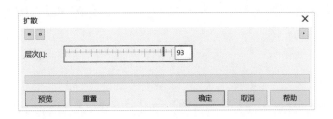

图 11-31　"扩散"对话框

(a) 原图　　　　　(b) 扩散效果

图 11-32　图像使用"扩散"滤镜的前后效果

三、颜色转换

CorelDRAW 的颜色转换提供了四种转换方式，如图 11-33 所示。

图 11-33　颜色转换菜单

1. 位平面

"位平面"滤镜把图像分成 3 个基本的平面，即红色、绿色和蓝色平面。修改"位平面"滤镜的强度，选择或取消选择"应用于所有位面"复选框，可以调整一个颜色通道，或者同时调整全部通道。该滤镜既可用来创建色彩艳丽的特殊效果，也可以用来分析图像的颜色效果。

（1）选择位图，执行菜单栏 "位图→颜色转换→位平面"命令后，弹出"位平面"对话框，如图 11-34 所示，该对话框包括以下选项。

（2）分别拖动红、绿、蓝 3 个滑块，可调节相应的颜色强度。选中"应用于所有位图"复选框，可以同时调整 3 种颜色的数值，图 11-35 所示是图像应用该命令的前后效果。

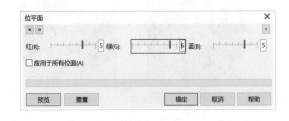

图 11-34　"位平面"对话框

(a) 原图　　　　　(b) 位平面效果

图 11-35　图像使用"位平面"滤镜的前后效果

2. 半色调

此命令可以将图像创建成色彩网板的效果。

（1）选择位图，执行菜单栏"位图→颜色转换→半色调"命令，弹出"半色调"对话框，如图 11-36 所示。

（2）拖动青、品红、黄、黑相应的滑块，可指定相应颜色的强度。

（3）"最大点半径"用于改变网点的最大半径。该值越大，网状效果越明显。图 11-37 所示是图像应用该命令的前后效果。

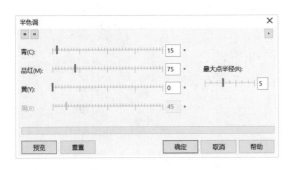

(a) 原图　　　　　　　(b) 半色调效果

图 11-36　"半色调"对话框　　　　　　图 11-37　图像使用"半色调"滤镜的前后效果

3. 梦幻色调

梦幻色调滤镜可以将图像转换成明亮的电子色彩。它用来为图像的原始颜色创建丰富的颜色变化。

（1）选择位图，执行菜单栏"位图→颜色转换→梦幻色调"命令，弹出"梦幻色调"对话框，如图 11-38 所示。

（2）在对话框中拖动"层次"滑块，可以设置转换效果的强度，图 11-39 所示是图像应用此命令的前后效果。

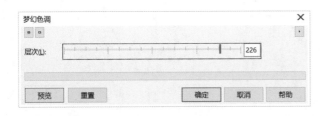

(a) 原图　　　　　(b) 梦幻色调效果

图 11-38　"梦幻色调"对话框　　　　　图 11-39　图像使用"梦幻色调"滤镜的前后效果

4. 曝光

"曝光"滤镜把图像转化为类似底片的效果。拖动"层次"滑块可以调整曝光的强度，较低的值会产生颜色较深的图像，而较高的值可以创建颜色更丰富的图像，更接近彩色底片的效果。选择位图，执行菜单栏"位图→颜色转换→曝光"命令后，弹出"曝光"对话框，如图 11-40 所示。

图 11-41 所示是图像应用此命令的前后效果。

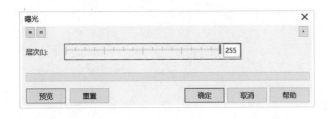

(a) 原图　　　　　　　(b) 曝光效果

图 11-40　"曝光"对话框　　　　　图 11-41　图像使用"曝光"滤镜的前后效果

CorelDRAW Jisuanji Fuzhu Sheji

项目十二

打印和输出作品

任务一 打印预览和打印前的设置

> **任务概述**

本任务主要介绍 CorelDRAW 中版面、印前和分色等打印选项的设置，以及图形打印输出的管理。

> **学习目标**

掌握打印预览及设置的方法；掌握打印预览窗口工具的使用方法。

一、预览打印的图形对象

用户在设置好页面并完成图形对象的绘制后，就要考虑打印输出图形文件。在正式打印之前，预览一下图形文件的打印情况是必要的。要进行打印预览，可执行"文件→打印预览"命令，打开如图 12-1 所示的"打印预览"窗口。

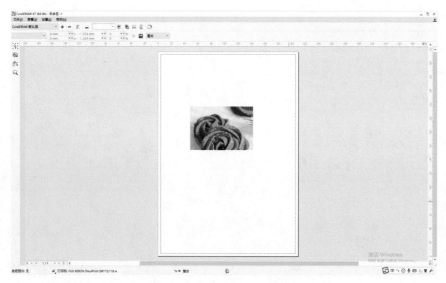

图 12-1 "打印预览"窗口

二、打印设置

用户在使用打印机之前，可对打印机进行设置，这里的设置主要是针对打印机在物理方面的设置，如设置打印用的纸张、设置打印的分辨率、打印油墨及打印颜色的深浅等。下面就来学习如何对打印机进行物理设置。

（1）执行"文件→打印"命令，弹出如图 12-2 所示的"打印"对话框。如果系统安装了多台打印机或局域网内安装有打印机，在对话框中的"打印机"下拉列表中选择需要使用的打印机，如图 12-2（a）所示。

（2）单击对话框中的 ▢ 首选项(P)... 按钮，将弹出属性对话框，在此对话框中有多个选项标签，如图 12-2（b）所示，可以进行打印机的详细设置，打印机不同具体选项会有差别。

(a) 打印设置对话框　　　　　　　　　　(b) 打印机设置对话框

图 12-2　"打印"对话框

（3）设置完成后，单击对话框中的确定按钮即可，打印设置在打印的时候将生效。

三、打印预览窗口的工具

1．标准工具栏

在"打印预览"窗口中有标准工具栏，如图 12-3 所示，主要包括以下选项。

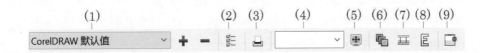

图 12-3　标准工具栏

（1）用户可以在该下拉列表中可选择打印样式，单击后面的加或减按钮，可将当前的设置保存为打印样式或将所选择的打印样式删除。

（2）单击属性栏中的"打印选项"按钮，将弹出"打印选项"对话框，在其中可对打印机进行设置。

（3）在属性栏中单击"打印"按钮，将直接打印文件。

（4）在"到页面"的下拉列表中，用户还可选择预览比例。

（5）单击属性栏中的"满屏"按钮，将以全屏的方式预览打印效果。

（6）单击"分色"按钮，可将彩色作品的颜色分离成各个组成部分的单一颜色。

（7）单击"反色"按钮，在打印预览框中会显示负片效果。

（8）单击"镜像"按钮，将打印预览框中的对象水平镜像后打印。

（9）单击属性栏中的"关闭打印预览"按钮，将关闭打印预览窗口。

2．挑选工具

单击工具箱中的挑选工具 ，并在预览窗口中选中对象，这时预览窗口的属性栏将变成如图 12-4 所示，利用此属性栏可以在窗口中移动或缩放对象。

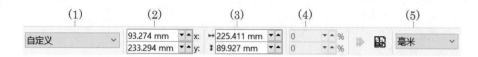

图 12-4　挑选工具的属性栏

（1）"页面中图像位置"的下拉列表中可选择系统预置的对象在页面中的位置。

（2）在"纵横坐标"的输入框中可精确地设置打印对象左下角在页面中的坐标位置。

（3）在"宽度和高度"的输入框中可以设置打印对象的宽度和高度。

（4）在"比例因子"的输入框中输入缩放比例，可以对对象进行缩放。

（5）当单击"保持纵横比"按钮时可以等比例缩放对象，否则按不同比例缩放对象。

（6）在"单位"的下拉列表中，可设置打印对象版面使用的度量单位。

3．版面布局工具

单击工具箱中的版面布局工具 ，属性栏变成如图 12-5 所示，此属性栏对于印刷排版相当有帮助，利用此属性栏可以对版式进行设置。

图 12-5　版面布局工具的属性栏

（1）在"当前的版面布局"的下拉列表中可选择预览的拼版版面，单击 ✚ 或 ➖ 按钮，可以添加或者删除预设的拼版样式。

（2）在"编辑的内容"的下拉列表中有 3 个选项，分别是"编辑基本设置"、"编辑页面位置"和"编辑页边距"。这 3 个选项在对页面进行排版编辑时特别有用，可以编辑页面在版面中的位置，也可以编辑页面和版面边缘的距离。

4．标记放置工具

单击工具箱中的标记放置工具 ，属性栏变成如图 12-6 所示，通过此属性栏可以在打印页面上设置各种打印标记，以方便印刷或装订成品。

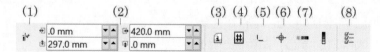

图 12-6　标记放置工具的属性栏

（1）单击"自动调整标志矩形的位置"按钮，将装订框的位置设置为默认值。

（2）可以在该输入框中自定义装订框的位置。

（3）单击"打印文件信息"按钮，打印页面的底部会出现打印文件的名称、当前日期和时间。

（4）单击"打印页码"按钮，打印文档的每个页面上会打印页码。

（5）单击"打印裁剪标记"按钮，在打印页面上会打印剪裁 / 折叠标记。

（6）单击"打印套准标记"按钮，将在打印页面中打印套准标记，这些标记用作对齐分色的指引标记，在印刷制版时，就是利用这种标记来对齐分色的。

（7）单击"颜色校准栏"按钮，在页面上会打印颜色校准条，用于校正打印输出时颜色的质量。

（8）单击"预印"按钮，将弹出"打印选项"对话框，在对话框中可以设置文件信息、套准标记等参数。

5．缩放工具

单击工具箱中的缩放工具，可以缩放打印预览的图像。在"打印预览"窗口中使用缩放工具的方法与在绘图窗口中一样。从工具箱中选择缩放工具，其属性栏如图 12-7 所示。

图 12-7　缩放工具的属性栏

任务二　输出选项的设置

1．"常规"标签

执行"文件→打印"命令，弹出"打印"对话框，如图 12-8 所示，在该对话框中的常规标签中可以进行一些常规设置，如选择打印机、选择打印范围、设置打印份数等。

（1）名称：在此下拉列表中可以重新选择使用的打印机。

（2）在"打印范围"中可设置打印的范围，主要有以下 5 种方式供选择：

①当前文档：打印当前的全部文档。

②文档：将从列表中选择要打印的文档。

③当前页：表示只打印当前页面的内容。

④选定内容：只打印选中的文档内容。

⑤页：选中此单选项，可设定打印页的范围。

提示：如设置为 1-3，将打印 1 至 3 页的内容；如果设置为 1 或 3，则只打印第 1 页和第 3 页的内容。用

图 12-8　"打印"对话框中的"常规"标签

户还可以在下面的下拉列表中选择打印奇偶页，选择"偶数页"，将打印页码为偶数的页码内容。选择"奇数页"将打印页码为奇数的页码内容。选择"偶数和奇数"，将打印偶数和奇数页码的内容。

（3）在"副本"设置栏的"份数"输入框中可以设置打印的份数。

2．"颜色"标签

"打印"对话框的第二个标签"颜色"，如图 12-9 所示，主要可以进行颜色转换的设置。

图 12-9　"颜色"标签

"颜色"选项卡上各相关选项的功能如下。

（1）执行颜色转换：可在其右侧的列表框中选择 CorelDRAW 或打印机。选择 CorelDRAW 可以让应用程序执行颜色转换。选择打印机，可让所选的打印机执行颜色转换（此选项仅适用与打印机）。

（2）将颜色输出为：从右侧的列表框中选择合适的颜色模式，可打印文档并保留 RGB 或灰度颜色。

（3）使用颜色预置文件校正颜色：在右侧的列表框中选择文档颜色预置文件，可打印原始颜色的文档。

（4）匹配类型：指定打印的匹配类型，如图 12-10 有四种类型可以选择。

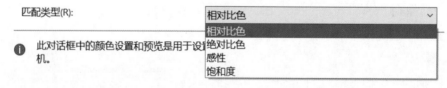

图 12-10　匹配类型

①相对比色：在打印机上生成校样，且不保留白点。

②绝对比色：保留白点和校样。

③感性：适用于多种图像，尤其是位图和摄影图像。

④饱和度：适用于矢量图形，保留高度饱和的颜色（线条、文本和纯色对象，如图表）。

3．"复合"标签

如果要将色彩图像用于印刷，需要将图像中的 C、M、Y、K 四种颜色或其他专色分别打印到不同的版上，这个过程称为分色。

（1）在"打印"对话框中选择"分色"标签，将显示出"分色"设置选项，如图12-11所示。

（2）在对话框中选择"打印分色"复选框，即可按颜色分色进行打印，在"选项"栏中还可以选择打印分色的方式。

六色图版：使用六色度图版进行打印，六色度是指在CMYK四色的基础上加入橙色和绿色，它能产生更逼真的色彩，目前只有部分打印机才支持。

转换专色为三色：把作品中的一些特殊颜色转换为印刷色。

打印空分色版：选中此复选框，打印不包括图形的图版。

（3）设置好后，单击"确定"按钮返回打印预览窗口。

图12-11　"分色"标签

4. "布局"标签

当图形在预览窗口中的页面上显示时，有时位置和大小不一定符合需要，这时可用挑选工具选中对象，拖动到合适的位置或拖动对象周围的控制柄来缩放对象；也可以利用"打印"对话框进行调整。

（1）选择"打印"对话框中的"布局"标签，将显示出"布局"设置选项，在此对话框中可以设置打印对象在页面中的位置，如图12-12所示。

（2）在"图像位置和大小"栏中，可以设置对象在打印页面中的位置，主要有以下3个选项：

与文档相同：以对象在绘图页面中的当前位置进行打印。

图12-12　"布局"标签

调整到页面大小：重新调整对象的大小，使对象适合于整个打印区域。

将图像重定位到：在下拉列表中可选择图像在打印页面的位置。

选中"将图像重定位到"单选项，可从其下拉列表中选择图形的位置，这时可指定图像在打印页面中的位置、高度与宽度、缩放比例及平铺数量等。

（3）如果纸张比图像小，解决的方法之一就是在打印时选择"打印平铺页面"复选框，它会将图像分开打印在几张纸上，各图像之间有一定的重叠部分，这样在以后合并图像时可以准确地使它们成为一幅完整的图像。

5. "预印"标签

在"打印"对话框中选择"预印"标签，会显示出"预印"设置选项，如图12-13所示，用户可在此对话框中选择打印对齐标记、打印文件信息、打印页码等内容，下面对各选项的功能作简单的说明，供用户

在打印时参考。

纸片/胶片设置：选中"反显"复选框，以底片的形式打印图像；选中"镜像"复选框，将打印镜像图像。

打印文件信息：打印一张包含文件信息的页面。

裁剪/折叠标记：打印裁剪标记，当装订打印结束时，可以利用这些标记截去不需要的部分。

打印套准标记：选择此复选框，可以打印套准标记，可以帮助用户将分色打印的打印纸大一些，可以将对齐标记打印在图像的边界外。

颜色调校栏：选择此复选框，在作品的旁边打印包含 6 种基本颜色的色条，用于校准打印输出的质量；选中"尺寸比例"复选框，在每个分色版上打印一个不同灰度深浅的条。

6. "问题"标签

在"打印"对话框中还有"问题"标签，显示打印的文件有无问题。如果打印的文件没有问题时，该标签显示为"无问题"；如果打印文件有问题，标签会显示出问题的数量，并在前面加以 ⚠ 提示，如图 12-14 所示，并在列表中列出打印中所存在的问题。

图 12-13   "预印"标签

图 12-14   查看当前打印中所存在的问题

任务三 CorelDRAW 与网络发布

> **任务概述**

本任务主要介绍在 CorelDRAW 中如何输出相应格式的文件及如何将该文件上传到网络上和用邮件进行发送。

了解如何快速优化位图图像；掌握设置PDF文件发布的方法；掌握将图形发布为HTML网页的方法。

一、准备输出

在 CorelDRAW 中设计完成的作品，如果要出版，首先必须交由输出中心输出为印刷用的网片，在经过拼版、制作等流程后，制作成印刷版送往印刷厂。

（1）在 CorelDRAW 中完成作品的设计后，单击"文件→收集用于输出"命令，弹出向导对话框，选中"自动收集所有与文档相关的文件"单选按钮。

（2）单击"下一步"按钮，即可显示与打印相关的信息，如图 12-15 所示。

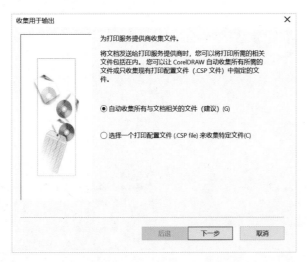

图 12-15　打印相关信息的显示

（3）单击下"下一步"按钮，进入生成 PDF 界面，如图 12-16 所示。

（4）单击"下一步"按钮，进入设置输出文件的位置界面，通过单击"浏览"按钮，设置好输出文件的位置，如图 12-17 所示。

图 12-16　生成 PDF 界面

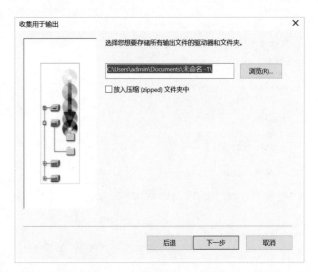

图 12-17　设置输出文件的位置

（5）单击"下一步"按钮，CorelDRAW 开始创建相关文件并显示文件的输出进度，用户可根据需要选择是否生成 PDF 文件。

（6）进度条的进程完成后，进入输出准备的完成界面，如图 12-18 所示。单击"完成"按钮，即可完成输出前的准备。

二、PDF 输出

PDF 是由 Adobe Acrobat 软件生成的文件格式，该格式可以保存多页信息，包括文本、图像和图形，而且支持超链接。

（1）单击"文件→发布为 PDF"命令，弹出"发布至 PDF"对话框，设置保存文件的路径和文件名，如图 12-19 所示。

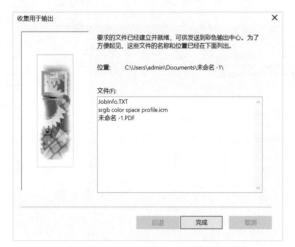

图 12-18　完成输出准备

图 12-19　"发布至 PDF"对话框

（2）单击"设置"按钮，弹出一个"PDF 设置"对话框，如图 12-20 所示。

（3）打开"颜色"选项卡，可以在输出前进行颜色设置，如图 12-21 所示。既可以保持文件原始的颜色设置，也可以重新进行修改。

图 12-20　单击"设置"按钮后弹出的"PDF 设置"对话框

图 12-21　"颜色"选项卡

（4）打开"文档"选项卡，如图 12-22 所示。选中"生成缩略图"复选框和"书签"单选按钮。

（5）打开"对象"选项卡，如图 12-23 所示。选中"将所有文本导出为曲线"复选框，并在"JPEG 质量"文本框中输入 50。

图 12-22　"文档"选项卡

图 12-23　"对象"选项卡

（6）打开"预印"选项卡，选中"出血限制"复选框，并在右侧的数值框中输入 3mm，然后选中"文件信息"复选框，如图 12-24 所示。

（7）打开"安全性"选项卡，选中"打开口令"复选框，在"口令"和"确认打开口令"文本框中输入需要的口令，还可以设置各种不同权限的口令，如图 12-25 所示。

图 12-24　"预印"选项卡

图 12-25　"安全性"选项卡

（8）打开"问题"选项卡，如图 12-26 所示，单击"设置"按钮，弹出"印前检查设置"对话框，在其中进行相应设置，如图 12-27 所示。依次单击"确定"和"保存"按钮，即可将图像文本输出为 PDF。

图 12-26 "问题"选项卡

图 12-27 "印前检查设置"对话框

三、导出为 HTML

在 CorelDRAW 中可以将图文导出为网页格式，生成网页，具体操作如下：点击"文件→导出为→HTML"如图 12-28，然后跳出"导出到 HTML"对话框如图 12-29，设置好目标文件夹。

点击确定后，即可在目标文件夹找到导出的图文页面，图片文件将保存在与页面文件同一路径下的 images 文件夹中。

图 12-28 导出为 HTML 菜单

图 12-29 "导出到 HTML"对话框

[1] 亿瑞设计.CorelDRAW X7 中文版从入门到精通 [M]. 北京：清华大学出版社，2017.

[2] 孟俊宏，吴双琴.中文版 CorelDRAW X7 完全自学教程 [M]. 北京：人民邮电出版社，2015.

[3] 数字艺术教育研究室.中文版 CorelDRAW X7 基础培训教程 [M]. 北京：人民邮电出版社，2016.

[4] 曹培强，刘冬美.CorelDRAW X7 实战从入门到精通 [M]. 北京：人民邮电出版社，2016.

[5] 卢杰.CorelDRAW X7 中文版基础教程 [M]. 北京：人民邮电出版社，2015.